普通高等学校艺术设计专业"十三五"规划教材

Flash
制作与基础

主编　熊少巍　徐　超

副主编　周　序　王　轶　李　翔　王　鑫

U0347614

江苏大学出版社
JIANGSU UNIVERSITY PRESS

镇　江

图书在版编目(CIP)数据

Flash 制作与基础 / 熊少巍,徐超主编. —镇江:
江苏大学出版社,2018.8
 ISBN 978-7-5684-0838-7

 Ⅰ.①F… Ⅱ.①熊… ②徐… Ⅲ.①动画制作软件
Ⅳ.①TP391.41

中国版本图书馆 CIP 数据核字(2018)第 109839 号

Flash 制作与基础
Flash Zhizuo yu Jichu

主   编/熊少巍 徐 超
责任编辑/董国军 徐子理
出版发行/江苏大学出版社
地   址/江苏省镇江市梦溪园巷 30 号(邮编:212003)
电   话/0511-84446464(传真)
网   址/http://press. ujs. edu. cn
排   版/镇江文苑制版印刷有限责任公司
印   刷/南京孚嘉印刷有限公司
开   本/787 mm×1 092 mm 1/16
印   张/11.5
字   数/283 千字
版   次/2018 年 8 月第 1 版 2018 年 8 月第 1 次印刷
书   号/ISBN 978-7-5684-0838-7
定   价/58.00 元

如有印装质量问题请与本社营销部联系(电话:0511-84440882)

前言 Foreword

目前，高等院校（包括高职高专类院校）的新媒体类专业多将"Flash"作为一门专业必修课程。这门课程的学习有助于学生对 Flash 动画的设计、创作、理论知识等方面有一定的理解和认识；基于 Flash 软件的理论学习与实践练习，学生能够掌握 Flash 的基础操作与实践运用，结合动画基础造型及原动画制作、二维动画短片制作等课程的要点，学习与运用相辅相成。

本书具有完善的知识结构体系，着重强调 Flash 的基础操作，按照"软件工具使用—课堂实例—综合实例"这一思路进行编排。通过软件工具使用，学生可以快速熟悉软件功能和制作特色；通过课堂实例，学生将深入学习软件功能和动画设计思路；通过综合实例，学生在学习过程中更加贴近实际工作，设计制作水平得以提升。在内容编写方面，我们力求细致全面、重点突出；在文字叙述方面，我们确保言简意赅、通俗易懂；在实例选取方面，我们强调实例的针对性和实用性，以期学生能通过学习为动画制作实战打下良好的基础。

本书在编写时虽力求完美和创新，但由于水平与时间的限制，难免存在不足之处，希望广大读者提出宝贵意见。

编者

2018 年 1 月

本书以通俗易懂的语言、翔实生动的操作案例、精挑细选的实用技巧，指导初学者快速掌握 Flash 动画制作技巧，提高实践操作能力。编者结合多年的动画项目制作经验及教学的心得体会，精心安排并设计了本书的内容和结构，力求全面细致地展现出 Flash CS6 的各种功能和使用方法。

本书可作为 Flash 动画初学者的自学参考书，也可以作为高等院校、培训学校的动画专业教学参考用书，还可以供网页设计、动画设计人员参考，是一本实用的软件设计类宝典。

熊少巍，男，硕士学历，现任教于武汉工程大学邮电与信息工程学院。本科毕业于武汉化工学院，2006 年就读于湖北工业大学动画专业。毕业后进入武汉工程大学邮电与信息工程学院，担任动画专业教师，现任动画专业教研室主任。目前主要从事 "动画概论" "动画运动规律" "动画角色及造型设计" "动画技法" "动画片制作" 等课程的授课。先后在省级期刊发表多篇文章，并且多次在省级科研论文评比中获得奖项。目前主持院级教学改革立项两项，参与省级教学改革立项一项；拥有外观专利一项。

徐超，男，硕士学历，现任教于河南省工业设计学校。研究方向是动画和数字媒体艺术 。本科毕业于吉林艺术学院动画专业。长期从事数字媒体艺术设计（动画视频方向）的教学工作，主要承担 "视听语言" "二维无纸动画" "三维造型与建模" "影视后期合成" 等课程的教学任务。

目 录
Contents

第一章　Flash CS6 基础知识

第一节　工作界面

Flash CS6 的工作界面主要包含标题栏、菜单栏、主工具栏、工具栏、图层面板、时间轴、舞台工作区、属性面板、浮动面板等组成部分，如图 1-1 所示。

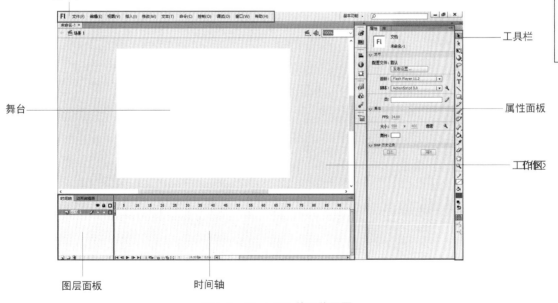

图 1-1　Flash CS6 的工作界面

1. 标题栏

标题栏显示软件的名称、当前所编辑文档的名称和软件的控制按钮（实现 Flash 窗口的最小化、还原和关闭操作），如图 1-2 所示。

软件名称

文档名称

图 1-2　标题栏

2．菜单栏

软件使用者可通过菜单栏中的 11 组菜单实现 Flash 的大部分操作命令，包括：文件、编辑、视图、插入、修改、文本、命令、控制、调试、窗口、帮助，如图 1-3 所示。

文件(F)　编辑(E)　视图(V)　插入(I)　修改(M)　文本(T)　命令(C)　控制(O)　调试(D)　窗口(W)　帮助(H)

图 1-3　菜单栏

(1) 文件：文件菜单主要针对整个文档，包括打开文件、保存文件、文件的保存设置、文件的发布设置、文件导入其他对象的设置等，如图 1-4 所示。

(2) 编辑：编辑菜单主要针对文档内部的一些对象进行编辑，包括复制对象、粘贴对象、撤销操作、重复操作、查找和替换对象、帧和动画的编辑、设置首选参数等，如图 1-5 所示。

图 1-4　文件菜单 　　　　　图 1-5　编辑菜单

(3) 视图：视图菜单主要针对文档所显示的视图，包括场景的转换命令，文档的视图放大、缩小、等比缩放、标尺显示、网格显示与编辑等，如图 1-6 所示。

(4) 插入：插入菜单主要是对当前的文档添加命令，包括新建元件、插入图层、插入图层文件夹、插

Flash 制作与基础

入运动引导层、插入各种时间轴特效等，如图 1-7 所示。

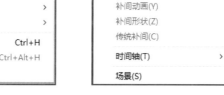

图 1-6　视图菜单　　　　　　　　　　　　图 1-7　插入菜单

（5）修改：修改菜单针对当前文档的某一对象，改变对象当前的状态，包括修改文档属性、将对象转换为元件、将将对象分离、交换位图、将位图转换为矢量图、交换元件、直接复制元件、形状设置、合并对象设置、时间轴设置、时间轴特效设置、对象的变形、对象的排列、对象的对齐、对象的组合等，如图 1-8 所示。

（6）文本：文本菜单的主要作用是针对写入的文本或文本块进行设置，包括字体设置、字号设置、样式设置、对齐设置、检查拼写等，如图 1-9 所示。

（7）命令：命令菜单主要包括管理保存的命令、获取更多命令、运行命令、导入动画 XML、导出动画 XML、将动画复制为 XML 等，如图 1-10 所示。

图 1-8　修改菜单　　　　　　　图 1-9　文本菜单　　　　　　　图 1-10　命令菜单

(8) 控制：控制菜单主要包括常用的测试影片、测试场景等，如图 1-11 所示。

(9) 调试：调试菜单主要针对 ActionScript 代码的一些命令，对写入的代码进行调试，如图 1-12 所示。

(10) 窗口：用于调出所有的工具面板，对浮动面板进行编辑，如图 1-13 所示。

图 1-11 控制菜单

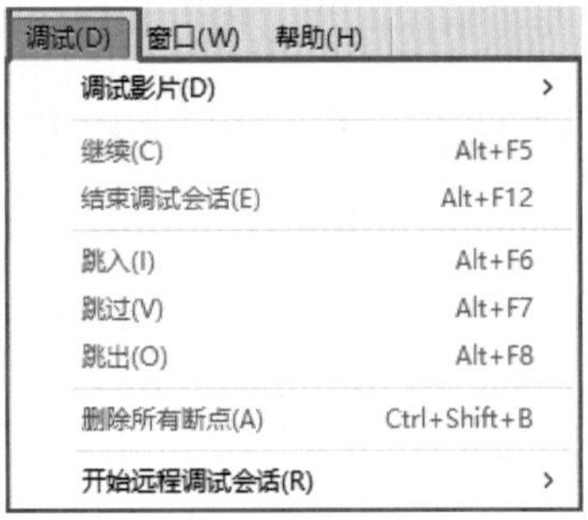

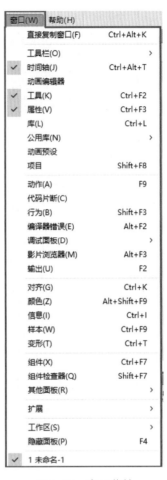

图 1-13 窗口菜单

图 1-12 调试菜单

（11）帮助：提供 Flash CS6 自带的帮助文件，也可以在互联网上提供在线服务和支持，如图 1-14 所示。

3. 工具栏

右侧的工具栏为设计者提供各种绘制和编辑工具，在后面的学习中会对每种工具进行详细介绍。

4. 主工具栏

主工具栏上依次是新建文件、打开文件、转到 Brigde、保存文件、打印、剪切、复制、粘贴、撤销、重做、贴紧至对象、平滑、伸直、旋转与倾斜、缩放、对齐按钮，如图 1-15 所示。其中，剪切、复制、撤销、重做、平滑、伸直、旋转与倾斜、缩放按钮需要

图 1-14 帮助菜单

先选择图形后才可以选择上面相应的 Flash 主工具。

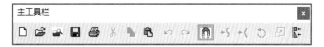

图 1-15　主工具栏

5. 图层面板

图层面板主要用于显示和控制图层，在图层面板中可以创建图层、查看图层、编辑图层等，如图 1-16 所示。

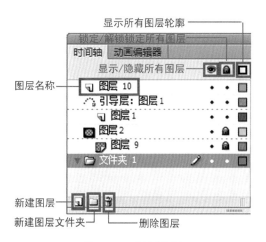

图 1-16　图层面板

根据功能的不同，图层可以划分为 5 种基本类型：普通层、引导层、被引导层、遮罩层、被遮罩层及图层文件夹，主要用来管理图层，如图 1-17 所示。

图 1-17　图层类型与图层文件夹

（1）普通层：普通层与 Photoshop 中的图层概念是一样的，是最常用的。

（2）引导层：用以实现对象沿路径移动的效果，又称轨迹动画。该路径作为引导线引导被引导层上的对象的运动路径，如图 1-18 所示。

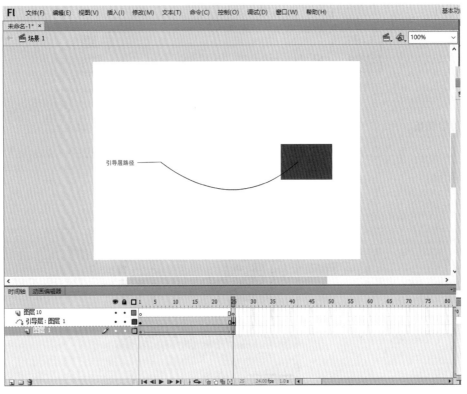

图 1-18　引导层路径

（3）被引导层：被引导层在引导层下面，该层上的对象沿着引导线的路径形成运动补间动画。

（4）遮罩层：遮罩层包含的是一个遮罩块，用来遮罩被遮罩层的内容，遮罩层中的图形不会显示在发布的文件中，如图 1-19 所示。

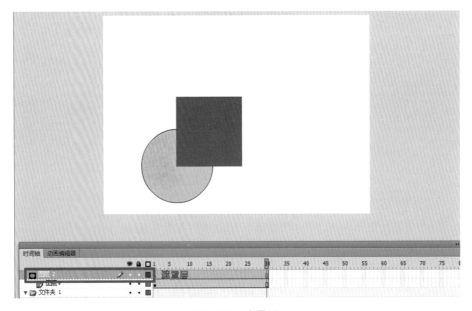

图 1-19　遮罩层

（5）被遮罩层：被遮罩层在遮罩层下面，该层上的内容只要是被遮罩层遮盖的地方，就会显示在发布的文件中，没有遮盖的地方不会显示出来。将图层设置为遮罩层以后，下面的图层会自动成为被遮罩层，两个图层自动锁定，图层锁定以后不再显示遮罩块，解锁后可以进行编辑。遮罩层和被遮罩层锁定的效果如图1-20所示。

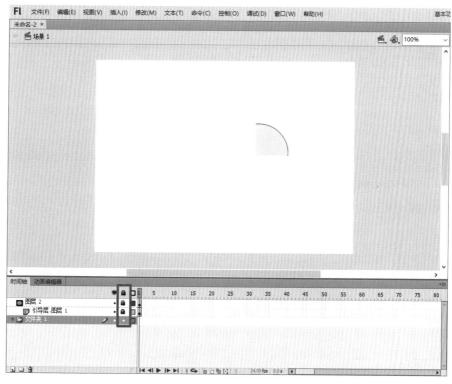

图1-20　遮罩效果

（6）图层文件夹：创建图层文件夹可以把相互关联的图层放在同一个文件夹内，在制作中可以更好地组织和管理图层，如图1-21所示。

图1-21　图层文件夹

6. 时间轴

时间轴主要用于控制时间，时间轴的最小单位是帧，如图1-22所示。

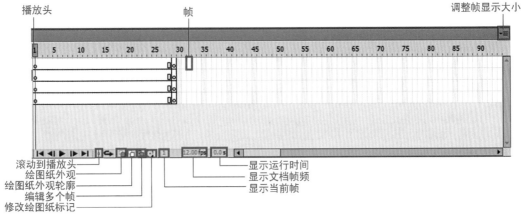

图 1-22 时间轴

（1）播放头：用于显示当前在舞台中的帧，可以用鼠标沿时间轴左右拖动，起到预览动画的作用。

（2）帧：时间轴上显示的最基本的时间单位，不同的帧对应着不同的时刻。

（3）调整帧显示大小：在选项中可以改变时间轴中帧的显示模式。

（4）滚动到播放头：可以将播放头标记的帧显示在时间轴控制区中。

（5）绘图纸外观：在播放头的左右会出现绘图纸的起点和终点。位于绘图纸之间的帧的颜色在工作区中会由深至浅显示出来，当前帧的颜色最深。

（6）绘图纸外观轮廓：只显示对象的轮廓线。

（7）编辑多个帧：可以对选定为绘图纸区域中的关键帧进行编辑。

图 1-23 修改绘图纸标志
快捷菜单

（8）修改绘图纸标记：主要用于修改当前绘图纸的标记。移动播放头的位置、绘图纸的位置也会随之发生相应的变化。单击该按钮，会弹出如图 1-23 所示的修改绘图纸标志快捷菜单。始终显示标记：选中该项，无论是否启用绘图纸模式，绘图纸标记都会显示在时间轴上。锚定标记：时间轴上的绘图纸标记将锁定在当前位置，不再随着播放头的移动而发生位置上的改变。标记范围 2：在当前帧左右两侧各显示两帧。标记范围 5：在当前帧左右两侧各显示 5 帧。标记整个范围：显示当前帧两侧的所有帧。

7. 舞台/工作区

白色区域为舞台，灰色区域为工作区。当测试动画时，只会显示舞台区域的内容，不会显示工作区的内容。

8. 属性面板

当选中文档中的某个对象时，属性面板会显示此对象的属性。

9. 浮动面板

在 Flash 中有很多浮动面板，其特点就是操作者可以同时打开多个面板，也可以关闭暂不使用的面板。默认情况下，浮动面板集中在操作界面右侧。

第二节　文件操作

1．新建文件

启动 Flash CS6 后，会出现起始页面，如图1-24 所示。

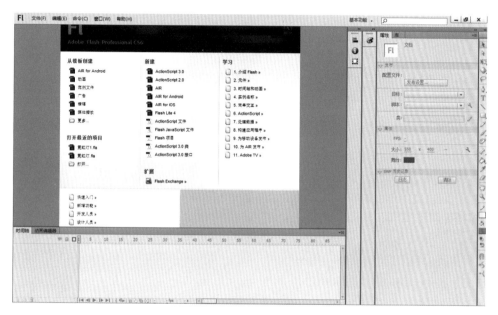

图1-24　起始页面

单击"新建"栏下的"Flash 文件（ActionScript 3.0)"，可以创建扩展名为 fla 的新文件，新建文件会自动采用 Flash 的默认文件属性。还可以执行"文件/新建"命令，打开"新建文件"对话框，在该对话框中选择"Flash 文件（ActionScript 3.0)"完成新建文件。

注：Flash 文件（ActionScript 3.0）和 Flash 文件（ActionScript 2.0）中的"ActionScript 3.0"和"ActionScript 2.0"是指在使用 Flash 文件编程时所使用的脚本语言的版本。Flash CS6 默认采用 ActionScript 3.0版的脚本语言。ActionScript 2.0 版是 Flash 8 中普遍采用的脚本语言，在易用性和功能上不如 ActionScript 3.0。两个版本的语言不兼容，需要不同的编辑器进行编译。所以，操作者在新建文件时需要根据实际情况，选择合适的方式新建文件。

设置文件属性：新建 Flash 文件后，需要对它的尺寸、背景颜色、帧频、标尺单位等属性进行设置。其操作方法如下：

（1）执行【修改/文档】命令（或按"Ctrl＋J"组合键）（见图1-25），会弹出如图1-26 所示的"文档属性”对话框。该对话框中显示了文档的当前属性。

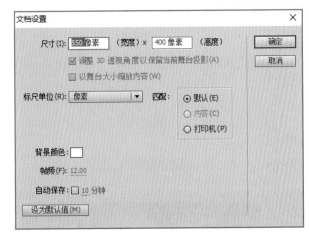

图 1-25　【修改/文档】命令　　　　　图 1-26　　"文档属性"对话框

（2）在"文档属性"对话框中设置文档属性。尺寸：设置影片的大小。标尺单位：根据需要更改标尺单位，默认情况下是像素。匹配：选择不同的匹配选项尺寸进行相应的变换，通常选择"默认"。背景颜色：单击三角图标更改背景颜色。帧频：设置帧频的默认值为 24 帧/秒，可根据作品要求进行更改。

图 1-27　【文件/打开】命令

（3）单击"确定"按钮完成设定。

2. 打开文件

执行【文件/打开】命令（图 1-27），会弹出如图 1-28 所示的"打开"对话框。在该对话框中选择目标文件，单击【打开】按钮，可打开 Flash 文件。

图 1-28　　"打开"对话框

3. 保存文件

执行【文件/保存】命令，如图1-29所示。如果是第一次执行【保存】命令，则会弹出"另存为"对话框，如图1-30所示，该对话框中可以设定文件的保存路径、名称和格式。如果再次执行【保存】命令，则会以第一次保存的文件格式自动覆盖存储内容。单击"另存为"对话框中的【保存】按钮完成保存。

文件(F)	编辑(E)	视图(V)	插入(I)	修改(M)	
新建(N)...				Ctrl+N	
打开(O)...				Ctrl+O	
在 Bridge 中浏览				Ctrl+Alt+O	
打开最近的文件(F)					>
关闭(C)				Ctrl+W	
全部关闭				Ctrl+Alt+W	
保存(S)				Ctrl+S	
另存为(A)...				Ctrl+Shift+S	

图1-29　【文件/保存】命令

图1-30　"另存为"对话框

第三节　Flash 的功能及发展方向

Flash之所以被广泛应用，与其自身的特点分不开。

1.Flash动画主要由矢量图形组成，矢量图形具有储存容量小，并且缩放不会失真的优点。这就使得Flash动画具有储存容量小、在缩放窗口观察画面同原图一样清晰的优势。

2.从Flash发布来看，在导出Flash的过程中，程序会压缩、优化动画组成元素（如位图图像、音乐和视频等），这就进一步减小了动画的储存容量，使其更加便于网上传输。

3. 从 Flash 播放来看，发布后的 swf 动画影片具有"流"媒体的特点，在网上可以边下载边播放，而不像 GIF 动画那样要把整个文件下载完了才能播放。

4. 从交互性来看，可以通过为 Flash 动画添加动作脚本使其具有交互性，从而让观众成为动画的一部分。这一点是传统动画无法比拟的。

5. 从制作手法来看，Flash 动画的制作比较简单，爱好者只要掌握一定的软件知识，拥有一台计算机、一套软件就可以制作出 Flash 动画。

6. 从制作成本来看，用 Flash 软件制作动画可以大幅度降低制作成本。同时，相比传统动画，Flash 制作动画时间也大幅缩短。

Flash 的功能和特点决定了其广阔的应用前景，如 Flash 动画短片、广告、MTV、网站导航条、Flash 小游戏、产品展示等受到越来越多的人喜爱。

第二章　Flash 绘制基础

第一节　位图与矢量图

Flash 能制作出位图效果的动画，但 Flash 本身是一款矢量动画软件。在学习 Flash 动画原理之前，先来了解位图图像和矢量图形的区别。

1. 位图图像

位图图像又称为点阵图像或绘制图像，是由作为图片元素的像素单个点组成的。这些点可以按不同的排列方式和色彩显示来构成图像影像，当放大位图时，可以看见构成整个图像的无数像素。所以将位图图像放大后，图像区域显示出高低不平的锯齿效果，这些便是组成位图的像素。

2. 矢量图形

矢量图也称为面向对象的图像或绘图图像，在数学上定义为一系列由线连接的点。矢量文件中的图像元素称为对象。每个对象都是一个自成一体的实体，它具有颜色、形状、轮廓、大小和屏幕位置等属性。既然每个对象都是一个自成一体的实体，那么可以在维持它原有清晰度和弯曲度的同时，多次移动和改变它的属性，而不会影响图例中的其他对象。这些特征使基于矢量的程序特别适用于 Flash 和三维建模，因为它们要求能创建和操作单个对象。矢量图形与分辨率无关，这意味着它们可不受分辨率的限制在输出设备上显示。

第二节　基本绘图工具的使用

Flash 绘图工具具有强大的绘图功能，熟练使用绘图工具可以绘制出所要的各种形状。线条的绘制是 Flash 绘图的基础，只有掌握了线条的绘制、编辑，对其属性进行深入的了解，才能绘制出我们想要的各种图形。

1. 线条工具

选择工具栏中的线条工具（或按快捷键 N），如图 2-1 所示。

在属性面板中会出现线条工具的相应属性，如图 2-2 所示。单击属性面板的笔触颜色按钮，在所弹出的菜单中选择需要的颜色，如图 2-3 所示。

图 2-1　线条工具

图 2-2　线条工具属性面板

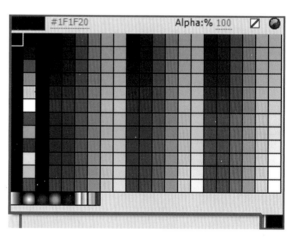

图 2-3　笔触颜色选项

在属性面板的笔触高度栏中，可输入相应数值，设置线条的粗细，如图 2-4 所示。也可通过滑动条来控制线条粗细，如图 2-5 所示。在属性面板的笔触样式栏中，可选择笔触样式。只有选择实线和极细笔触样式，右侧的端点和结合点才处于可设置状态，如图 2-6、图 2-7 所示。

图 2-4　笔触高度栏

图 2-5　笔触滑动条

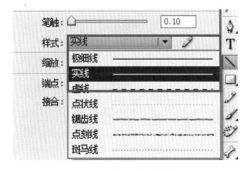

图 2-6　笔触样式栏

图 2-7　线条端点效果

2. 任意变形工具

任意变形工具（快捷键 Q）如图 2-8 所示，在舞台上选择图形对象，所选对象周围会出现任意变形框，如图 2-9 所示。通过拖动控制点，长宽比例可自由改变，按 Shift 键拖动可进行等比例缩放。

选择对象出现控制点，拖动角控制点旋转对象，如图 2-10 所示。

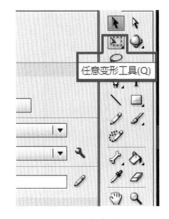

图 2-8　任意变形工具

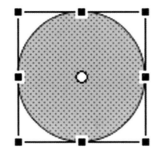

图 2-9　任意变形框

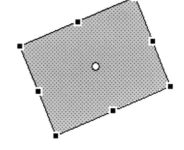

图 2-10　旋转对象

3. 铅笔工具

在 Flash 绘图中，铅笔工具和线条工具不常用。铅笔工具（快捷键 Y）如图 2-11 所示。铅笔属性面板与线条工具属性面板的功能和作用是一样的。

选取铅笔工具，在工具面板中会出现铅笔的选项，这是铅笔工具特有的选项，按钮的下方会弹出三个选项：伸直、平滑、墨水，如图 2-12 所示。伸直是 Flash 默认的模式，在这种模式下绘制出的线条会更直一些。平滑会使绘制的线条变得更加柔软。墨水绘制出来的图形轨迹即为最终的图形。

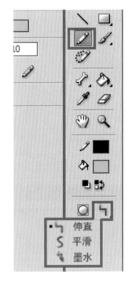

图2-11　铅笔工具　　　　　　　图2-12　铅笔工具选项

4. 刷子工具

刷子工具（快捷键 B）如图 2-13 所示。它与铅笔工具类似，都可以任意绘制不同的线条，不同之处是刷子工具绘制的形状是被填充的。在工具箱中的选项区可以设置刷子的大小，如图 2-14 所示。刷子形状如图 2-15 所示。

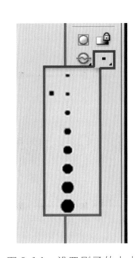
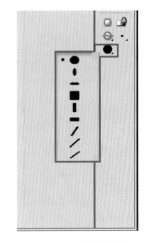

图2-13　刷子工具　　　图2-14　设置刷子的大小　　　图2-15　刷子形状

在工具箱的选项区中还有 5 种不同的刷子模式，如图 2-16 所示。各选项说明如下：

标准绘画：可以对同一层的线条和图形填充涂色，如图 2-17 所示。

颜料填充：可以对填充区域和空白区域涂色，不影响线条，如图 2-18 所示。

后面绘画：在舞台上同一层的空白区域涂色，不影响线条和填充，如图 2-19 所示。

颜料选择：可以将新的填充应用到选区中，就像选择一个填充区域并应用新的填充一样，如图2-20所示。

内部绘画：对填充部分进行涂色，不对线条涂色，不会在线条外涂色。

如果在空白区域中开始涂色，则不会影响现有的填充区域，如图2-21所示。

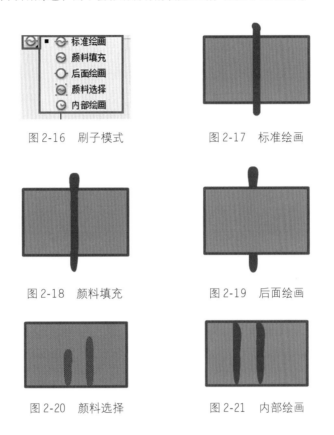

图2-16　刷子模式　　　　图2-17　标准绘画

图2-18　颜料填充　　　　图2-19　后面绘画

图2-20　颜料选择　　　　图2-21　内部绘画

5. 钢笔工具和部分选取工具

钢笔工具（快捷键P）如图2-22所示，它可以绘制出平滑流畅的曲线，结合部分选取工具（快捷键A）（见图2-23）可以绘制出不同的图形。钢笔属性面板与线条工具属性面板的功能和作用是一样的。

图2-22　钢笔工具

图2-23　部分选取工具

要想绘制直线，可将指针放在舞台上想要开始的地方并单击，在想要结束的位置再次单击即可。继续单击可以创建其他直线线段，如果此时希望结束，则双击最后一个点完成绘制。按 Shift 键再单击可以将线条限制为倾斜 45°的倍数，如图 2-24 所示。

图 2-24　45°钢笔工具绘制

要想创建曲线，需要在按下鼠标的同时向想要绘制曲线段的方向拖动鼠标，然后将指针放在想要结束曲线段的地方，按下鼠标左键，然后朝相反的方向拖动来完成线段，如图 2-25 所示。利用部分选取工具可以方便移动线条上的锚点位置和调整曲线的弧度，如图 2-26 所示。

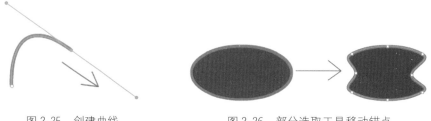

图 2-25　创建曲线　　　　　　　图 2-26　部分选取工具移动锚点

钢笔工具组如图 2-27 所示，包括钢笔工具、添加锚点工具、删除锚点工具和转换锚点工具。利用添加锚点工具和删除锚点工具，可以在路径上添加锚点或删除已有的锚点，从而更方便调整图形的形状。利用转换锚点工具可以实现曲线锚点与直线锚点间的切换。

图 2-27　钢笔工具组

Flash 制作与基础

6. 椭圆工具和矩形工具

用快捷键 R 可以调出规则绘图工具，它的工具组包括矩形工具、椭圆工具、基本矩形工具、基本椭圆工具、多五角星工具，如图 2-28 所示。

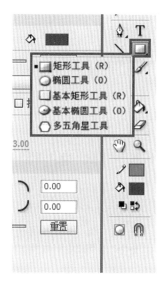

图 2-28　矩形工具组

绘制图形时可分为两个部分的绘制，即笔触颜色绘制和填充颜色绘制，如图 2-29 所示。可以通过这两项来控制绘制图形的笔触颜色和填充颜色。

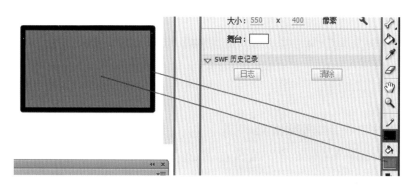

图 2-29　笔触颜色和填充颜色

利用矩形工具属性面板（见图 2-30）可以设置边框属性，可以在输入数值角度处（见图 2-31）改变矩形角度，0 表示绘制普通矩形，值越大，圆角矩形的半径越大。单击小锁标志，可分别设置 4 个角的半径，即绘制出矩形、正方形和圆角矩形。设置好参数后，将光标移动到舞台中，按住鼠标左键并拖动，即可绘制矩形或圆角矩形。在拖动鼠标的同时按 Shift 键，可绘制正方形，同时按 Alt 键，可由中心向四周绘制。

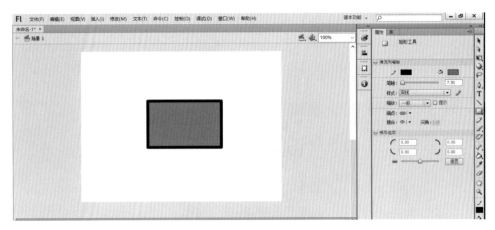

图 2-30　矩形工具属性面板

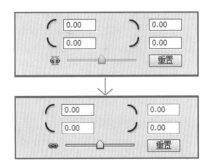

图 2-31　矩形角度控制处

　　利用椭圆工具可以绘制出正圆、椭圆、扇形、弧线和带有空心圆的扇形等。在圆形属性面板（见图 2-32）的起始角度和结束角度文本框中分别输入相关数值，可绘制扇形、弧线和带有空心圆的扇形等，如图 2-33 所示；若不输入任何数值，绘制的是普通椭圆。在拖动鼠标的同时按 Shift 键，可绘制正圆，同时按 Alt 键，可由中心向四周绘制。

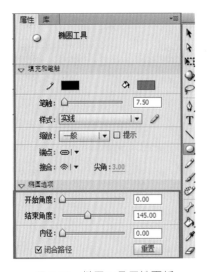

图 2-32　椭圆工具属性面板

图 2-33　绘制扇形

取消选取"闭合路径"复选框，绘制出来的是弧线，如图 2-34 所示。在"内径"文本框中输入正值，并勾选"闭合路径"复选框，可以绘制带有空心圆的椭圆或扇形，如图 2-35 所示。

图 2-34　绘制弧线　　　　　　　图 2-35　绘制空心扇形

在矩形工具组中还有基本矩形工具和基本椭圆工具。其中，基本矩形工具有 4 个角控制点，选择【选择工具】或【部分选取工具】都可以对矩形的控制点进行调整，选择选择工具在矩形的一角按下鼠标左键并拖动，可以变为圆角矩形，如图 2-36 所示。此时，注意它一共有 8 个控制点，可以分别选择不同的控制点进行调整。

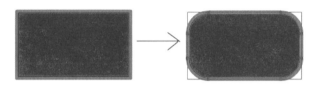

图 2-36　绘制圆角矩形

基本椭圆工具的使用方法与椭圆工具基本一样，所不同的是，基本椭圆工具绘制的图形是一个整体。使用【选择工具】拖动椭圆外围的节点，可以改变椭圆的起始角度和结束角度；使用选择工具拖动椭圆内部的节点，可改变内径，如图 2-37 所示。

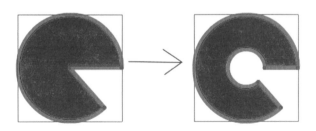

图 2-37　拖动椭圆外围和内部的节点

单击属性面板中的选项按钮会打开"工具设置"对话框，如图 2-38 所示。该对话框的样式选项可设置是绘制多边形还是星形，边数选项可设置多边形和星形的边数，星形顶点大小选项只对星形起作用，可设置星形顶点的大小。利用多角星形工具绘制的多边形和星形如图 2-39 所示。

图2-38　"工具设置"对话框

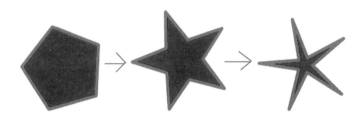

图2-39　多角星形绘制

7．实例绘制

执行【插入】→【新建元件】命令，或者按快捷键Ctrl＋F8，会弹出"创建新元件"对话框，如图2-40所示。在该对话框的"名称"文本框中输入元件名称"树叶"，"类型"选择"图形"，单击"确定"按钮。

图2-40　"创建新元件"对话框

在树叶图形元件编辑场景中，首先用线条工具画一条直线，设置笔触颜色为深绿色，如图2-41所示。用【选择工具】将它拉成曲线，如图2-42所示。同理绘制另一侧的树叶轮廓和内部轮廓，如图2-43所示。

图2-41　绘制一条直线　　　　图2-42　拉成曲线　　　　图2-43　树叶轮廓

接下来用颜料桶给这片树叶填上颜色，如图 2-44 所示。为了不让树叶单一，按 Alt 键，同时单击鼠标拖动，用【任意变形工具】进行方向调整，如图 2-45 所示。

图 2-44　树叶上色　　　　　　　　　　图 2-45　树叶组合

第三节　其他绘图工具的使用

1. 填充变形工具

任意变形工具组中有一个【渐变变形工具】（快捷键 F）（见图 2-46），这个工具是 Flash 8 中的填充变形工具。在 Flash CS6 中合并到了【任意变形工具组】中。【渐变变形工具】用于为图形中的渐变效果进行填充变形。将图形的填充色设置为渐变填充色后，按工具面板中的【渐变变形工具】按钮，可以对图形中的渐变效果进行旋转、缩放等操作，使色彩的变化效果更加丰富，如图 2-47 所示。

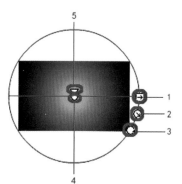

1—对填充颜色进行横向的变形控制；

2—对填充渐变色进行等比例缩放；

3—对填充渐变色进行旋转；

4—对填充渐变色进行移动；

5—对填充渐变色浓厚程度及位置进行改变。

图 2-46　变形工具选项　　　　图 2-47　使用【渐变变形工具】进行旋转、缩放等操作

2. 套索工具

按 L 键可以调出套索工具，如图 2-48 所示。套索工具是一种选取工具，使用的频率不高，主要用于处理位图。选择套索工具后，会在选项中出现魔术棒及其选项和多边形模式，如图 2-49 所示。

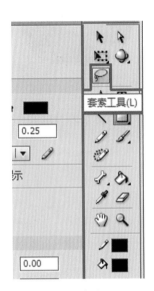 

图 2-48　套索工具　　　　　　　　　图 2-49　套索工具选项

魔术棒工具主要用于处理位图。"魔术棒设置"对话框用来控制阈值和平滑的边缘，如图 2-50 所示。多边形模式可以通过鼠标对所需部分进行框选，最后单击结束点，形成闭合即可选择，若不能准确找到结束点，则可以采用双击的方式进行选取。

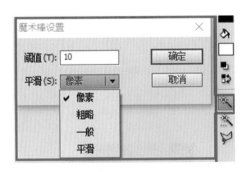

图 2-50　魔术棒设置

3. 橡皮擦工具

使用橡皮擦工具（快捷键 L）（见图 2-51）可以快速擦除笔触段或填充区域等工作区中的任何内容。用户也可以自定义橡皮擦模式，以便只擦除笔触、只擦除数个填充区域或单个填充区域，如图 2-52 所示。橡皮擦模式中包含标准擦除、擦除填色、擦除线条、擦除所选填充和内部擦除等选项。

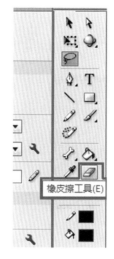

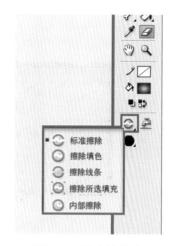

图 2-51　橡皮擦工具　　　　　图 2-52　橡皮擦模式

（1）标准擦除

标准擦除用于擦除鼠标经过轨迹的图像内容，如图 2-53 所示。

图 2-53　标准擦除

（2）擦除填色

这时橡皮擦工具只擦除填充色，而保留线条，如图 2-54 所示。

图 2-54　擦除填色

（3）擦除线条

这时橡皮擦工具只擦除线条，而保留填充色，如图 2-55 所示。

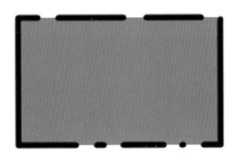

图 2-55　擦除线条

（4）擦除所选填充

这时橡皮擦工具只擦除当前选中的填充色，保留未被选中的填充及所有的线条，如图 2-56 所示。

图 2-56　擦除所选填充

（5）内部擦除

只有从填充色的内部进行擦除才有效，如图 2-57 所示。

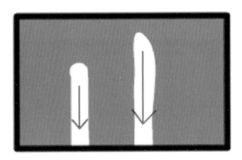

图 2-57　内部擦除

4. 实例绘制

选择一个颜色对比强烈的素材放入舞台，如图 2-58 所示，按 Ctrl＋B 组合键分离。选择套索工具，再点选下方的魔术棒选项，如图 2-59 所示，选择图形上的黄色区域，按删除键将黄色删除，用选择工具全选，按 Ctrl＋G 组合键合并，得到想要的图形，如图 2-60 所示。这样的方法可以在复杂的制作中提高效率。

图 2-58　导入图片

图 2-59　套索工具

图 2-60　合并图片

第四节　合并对象

在 Flash CS6 中，对象的合并也是一种常用的方法。在菜单栏中选择修改中的合并对象，出现下拉列表，如图 2-61 所示。在下拉列表中有联合、交集、打孔、裁切等几种模式。

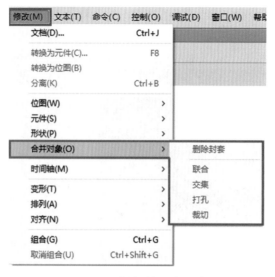

图 2-61　合并对象下拉列表

1. 联合

选择联合选项，可以将舞台中的图形进行组合，两个图形变为一个整体，如图 2-62 所示。

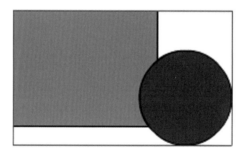

图 2-62　联合

2. 交集

当两个对象有相互覆盖的情况时，选择交集选项，可以对两个椭圆进行裁剪，舞台中留下的是两个对象的相交部分，如图 2-63 所示。

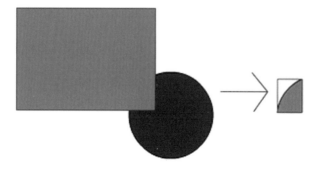

图 2-63　交集

3. 打孔

打孔选项类似于咬合，当上方对象和下方对象处于舞台中时，选择打孔选项，上方对象将咬合下方对象相交部分，保留下方对象其余部分，如图 2-64 所示。

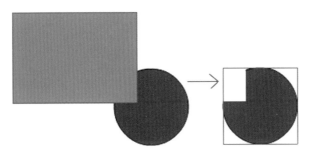

图 2-64　打孔

4. 裁切

当两个对象有相互覆盖的情况时，选择裁切选项，可以对两个对象进行裁剪，舞台中留下的是两个对象的相交部分，以下方图像为主。这里所讲的裁切和交集类似，区别在于交集是保留上方对象，裁切是保留下方对象，如图 2-65 所示。

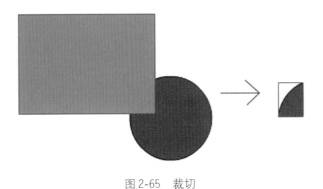

图 2-65　裁切

第五节　实例：绘制动画角色

1. 线条处理

在绘制动画角色时，首先要理清思路，不要急于一次成功，要不断修改完善，最后再进行线条的处理。首先，运用画笔工具进行初稿绘制，如图 2-66 所示。然后根据需要对线条进行处理，运用钢笔工具和线条工具组合进行描线，如图 2-67 所示。

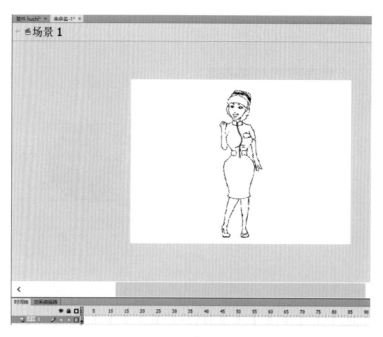

图 2-66　草图绘制

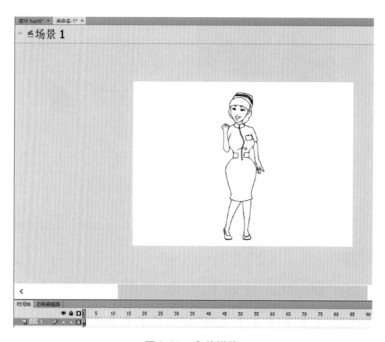

图 2-67　完整描线

2. 填充上色

运用颜料桶工具对绘制对象上色时，因为填充工具对颜色封闭范围有要求，所以在填充前要检查线条是否闭合。检查的方法是，单击图层上显示图层轮廓的按钮，显示所有线之间的连接点是否均闭合，如图

2-68 所示。最后用颜料桶工具上色，效果如图 2-69 所示。

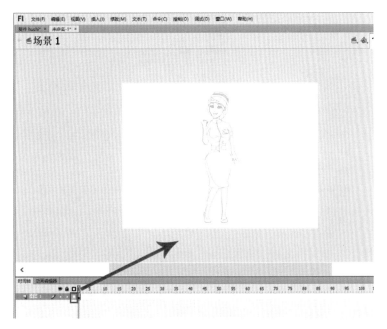

图 2-68　显示轮廓

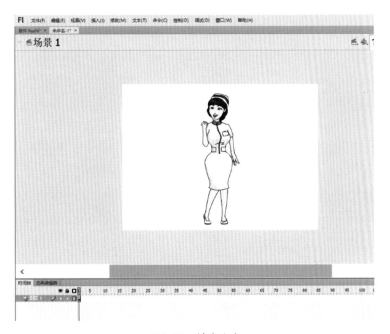

图 2-69　填充上色

3. 阴影处理

阴影能为作品增加层次感。首先全选角色，按 Alt 键进行复制，按 F8 键新建元件，如图 2-70 所示。在属性面板的颜色选项下拉列表中，单击亮度选项，把右侧的百分比调至 −100%，如图 2-71 所示。

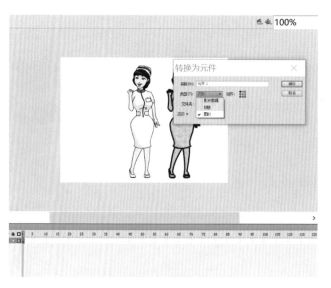

图 2-70　新建元件

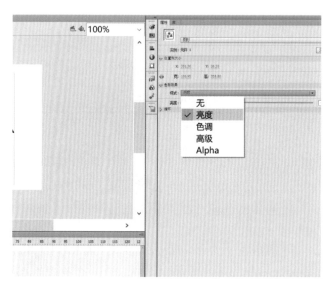

图 2-71　设置选项

最后运用任意变形工具进行调整，最终呈现的阴影效果如图 2-72 所示。

图 2-72　最终阴影效果

第三章　Flash 动画基础

第一节　Flash 动画基础

在 Flash 动画中，连续的画面是建立在各个图层的每一帧中，一个完整的动画实际上是由许多不同的帧组成的。动画在播放时就是依次显示每帧内容的画面。一般来说，每秒钟至少包含 24 帧，且帧数越多，画面越连贯。

1. 时间轴

时间轴是 Flash 软件能够成为动画应用软件的基础，它为所有的动画生成提供了基础条件，也同时提供了动画的编辑功能，如图 3-1 所示。

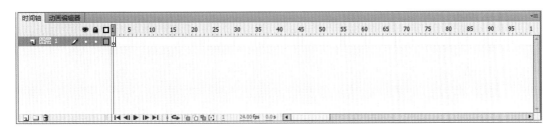

图 3-1　时间轴版面

2. 场景

默认的场景只有一个，在制作动画的过程中，若需转换另一个主题，需创建其他的场景，如图 3-2、图 3-3 所示。

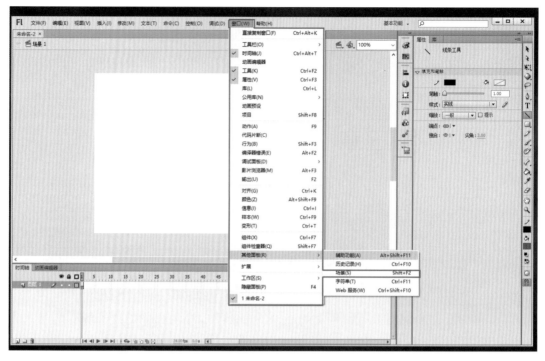

图 3-2　打开场景版面

图 3-3　场景版面

3. 动画元素

　　动画由场景和角色动画组成。场景分为前景、中景、衬景、背景等，角色分为人物、动物、物体等。

4. 元件与库

　　元件是一个可以重复使用的小部件，可以独立于主动画进行播放。每一个元件都有独立的时间轴、舞台及若干图层，它可以是图形，也可以是动画。创建的元件都会储存在库版面中，如图 3-4 所示。

图 3-4　库版面

第二节　逐帧动画

1. 创建逐帧动画的方法

逐帧动画：一种常见的动画形式（Frame By Frame），其原理是在"连续的关键帧"中分解动画动作，也就是在时间轴的每帧上逐帧绘制不同的内容，使其连续播放而成动画。

2. 绘图纸

Flash 动画设计中用绘图外观可以同时显示和编辑多个帧的内容，可以在操作的同时，查看帧的运动轨迹，方便对动画进行调整，如图 3-5 所示。

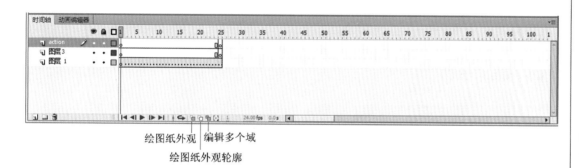

　　　　　绘图纸外观　编辑多个域
　　　　　　绘图纸外观轮廓

图 3-5　事件轴版面中的绘图纸按钮

3. 实例制作 1：逐帧动画效果

（1）新建一个文件，使用文本居中工具，设置霓虹灯效果，使用隶书，字体大小 96、黑色、加粗，如图 3-6 所示。

图 3-6　输入字体

（2）选择霓虹灯效果，点击【修改】→【分离】，再次点击【修改】→【分离】，将文本属性变为形状属性，如图 3-7 所示。

图 3-7　将文本属性变为形状属性

（3）选择铅笔工具将铅笔模式设置为平滑，在舞台中绘制一条紫色波浪线，如图3-8所示。

图 3-8　绘制一条波浪线

（4）选择这条紫色波浪线将它复制在霓虹灯效果上，如图3-9所示。

图 3-9　复制并将波浪线放置于字体上

(5) 使用颜料桶工具将颜色调整为红蓝两色，如图 3-10 所示。

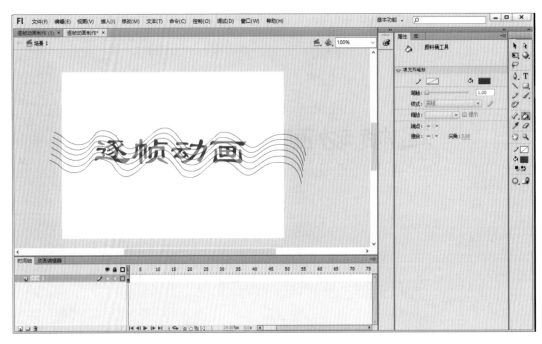

图 3-10　交替填充颜色

(6) 在时间轴中第 4 帧插入关键帧，将原本的红色区域与蓝色区域对调，如图 3-11 所示。

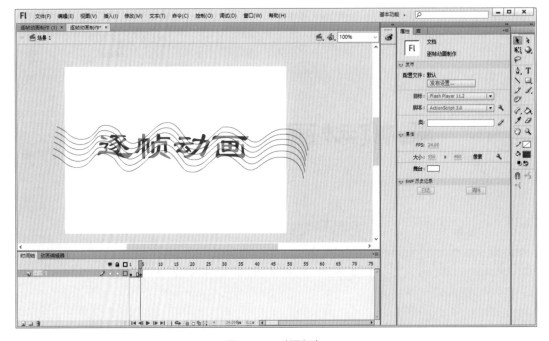

图 3-11　对调颜色

（7）将时间轴第 1 帧和第 4 帧的线条删除，如图 3-12 所示。

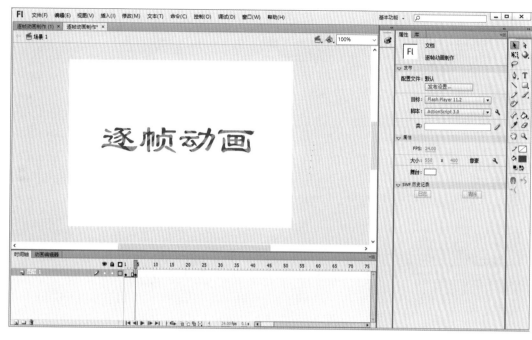

图 3-12　删除线条

（8）点击时间轴第 6 帧右击【插入关键帧】，如图 3-13 所示。

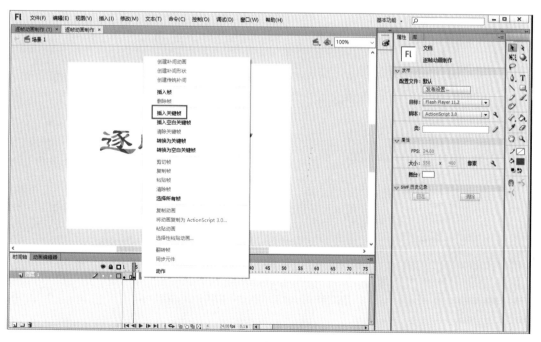

图 3-13　插入关键帧

4. 实例制作2：打字效果

（1）新建一个文件，使用文本工具输入一个下划线，如图3-14所示。

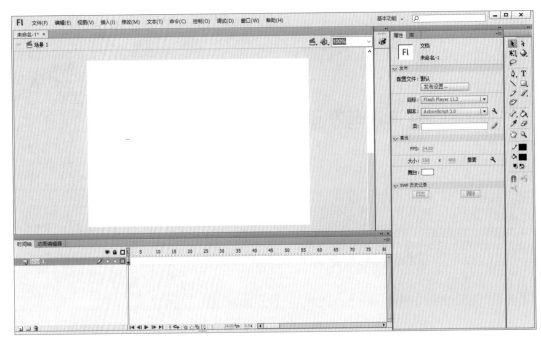

图3-14　输入文本

（2）在时间轴上第2帧处右键单击，在弹出菜单中点击【插入关键帧】，如图3-15所示。再次使用文本工具将文本工具中的下划线删掉换成"欢"字，如图3-16所示。

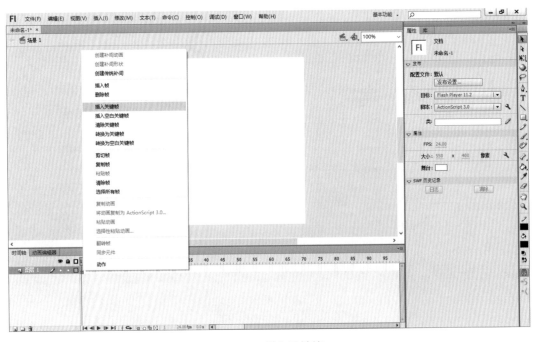

图3-15　插入关键帧

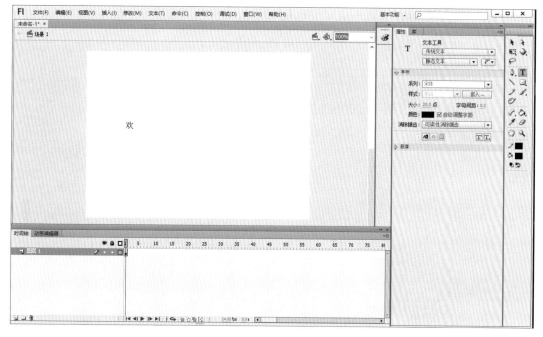

图 3-16　更换文字

（3）在时间轴上第 3 帧处右键单击，在弹出菜单中点击【插入关键帧】。在"欢"字后面再次添加下划线，如图 3-17 所示。

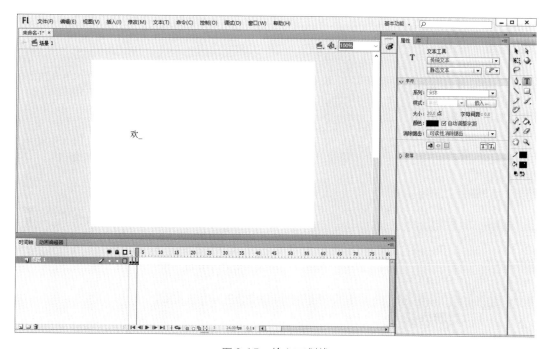

图 3-17　输入下划线

（4）在时间轴上第 4 帧处右键单击，在弹出菜单中点击【插入关键帧】。在"欢"字后面删除下划线输入"迎"字，如图 3-18 所示。

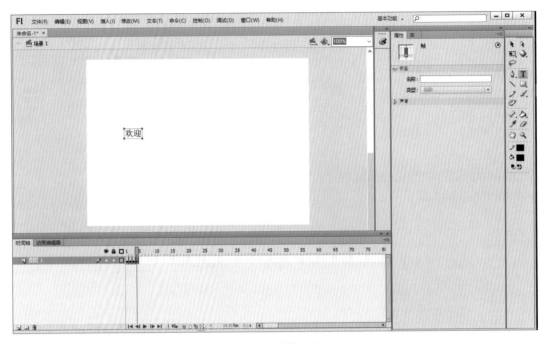

图 3-18　更换文字

（5）在时间轴上第 5 帧处右键单击，在弹出菜单中点击【插入关键帧】。在"欢迎"后面再次添加下划线，如图 3-19 所示。

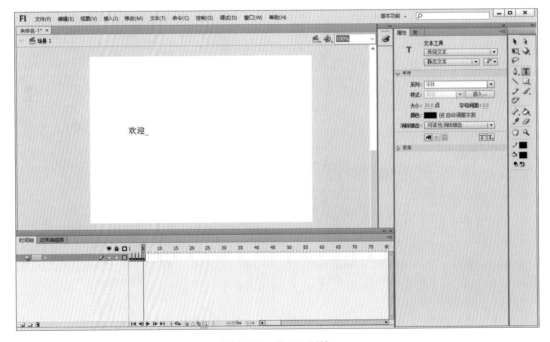

图 3-19　输入下划线

Flash 制作与基础

（6）在时间轴上第6帧处右键单击，在弹出菜单中点击【插入关键帧】。在"欢迎"后面删除下划线输入"使"字，如图3-20所示。

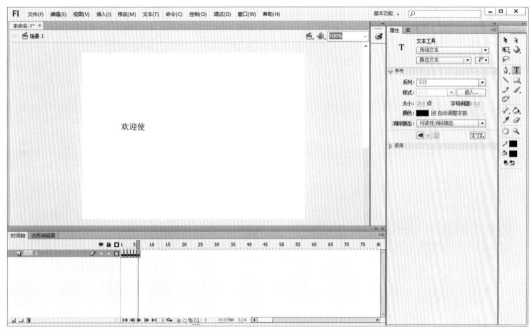

图 3-20　更换文字

（7）在时间轴上第7帧处右键单击，在弹出菜单中点击【插入关键帧】。在"欢迎使"后面再次添加下划线，如图3-21所示。

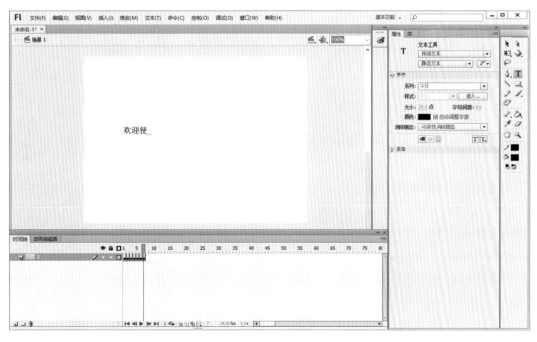

图 3-21　输入下划线

（8）在时间轴上第8帧处右键单击，在弹出菜单中点击【插入关键帧】。在"欢迎"后面删除下划线输入"用"字，如图3-22所示。

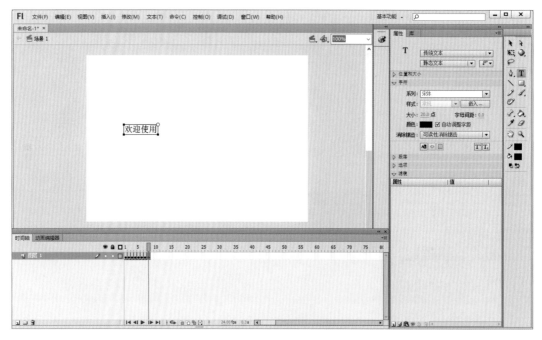

图 3-22　更换文字

（9）在时间轴上第9帧处右键单击，在弹出菜单中点击【插入关键帧】。在"欢迎使用"后面再次添加下划线，如图3-23所示。

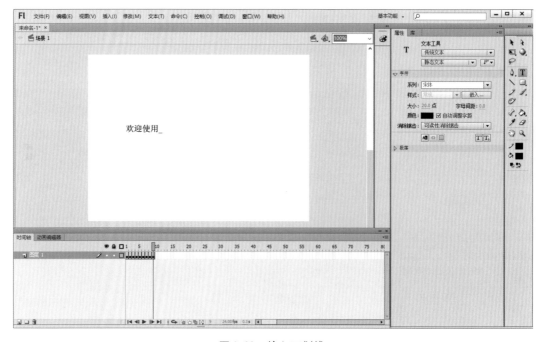

图 3-23　输入下划线

(10) 在时间轴上第9帧处右键单击，在"欢迎使用"后面再次添加下划线，第10帧处插入空白帧，如图3-24所示。

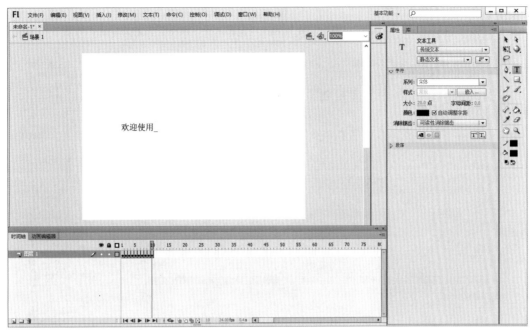

图 3-24　输入下划线

第三节　形状补间动画

当要实现一个图形或文字变为另一个图形或文字的动画时，就需要用到形状补间动画。

1. 形状补间动画基础

先为一个关键帧中的对象设置其形状属性，然后在后续的关键帧中修改对象形状或重新绘制对象，最后在两个关键帧之间创建形状动画，这就是形状补间动画的创建过程。

2. 形状补间动画的属性设置

形状补间动画的属性面板和动画与动作补间动画的属性面板类似，各项含义也相同，只是在形状补间动画的属性面板中出现了【混合】项，此项的下拉列表中包含两个选项：一是"分布式"，它能使中间帧

图 3-25　形状变形属性版面

的形状过渡得更加随意；二是"角形"，选择它能使中间帧的形状保持关键帧上图形的棱角，此模式只适用于有尖锐棱角的图形变换，否则Flash会自动将此模式变回"分布式"模式，如图3-25所示。

3. 实例制作1：开花效果

（1）新建一个文件，使用椭圆工具绘制，将笔触颜色设置为无，填充色设置为渐变，如图3-26所示。

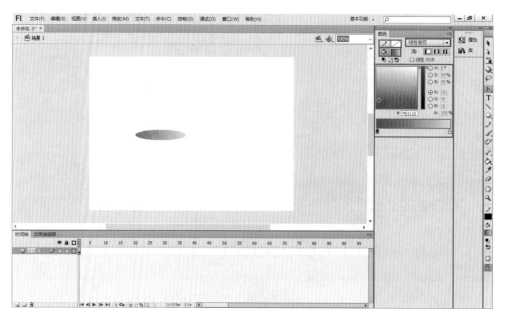

图3-26　绘制渐变椭圆形

（2）使用任意变形工具将中心点移动到椭圆形的一端，然后打开变形版面将旋转设置为30度，点击复制并应用变形11次，绘制出花瓣，如图3-27所示。

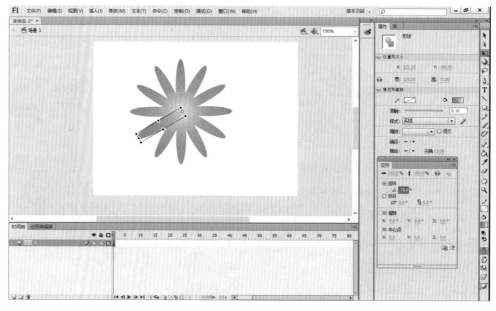

图3-27　使用变形版面绘制花瓣

（3）在花瓣中心使用椭圆工具将填充类型设置为绘制花蕊第一个锚点颜色（图 3-28）和第二个锚点颜色（图 3-30）。

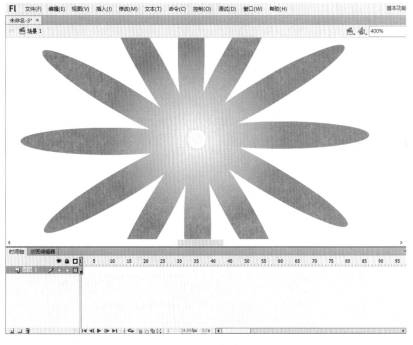

图 3-28　添加花蕊

（4）在第 25 帧处右键单击选择【插入关键帧】，如图 3-29 所示。

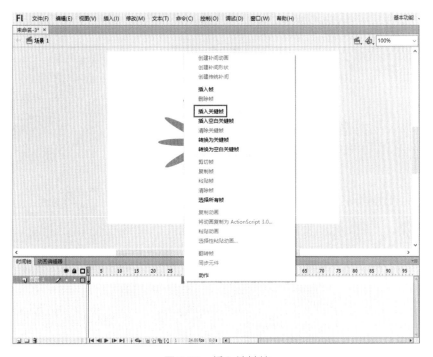

图 3-29　插入关键帧

（5）删除第一帧中的花瓣只留下花蕊，如图 3-30 所示。

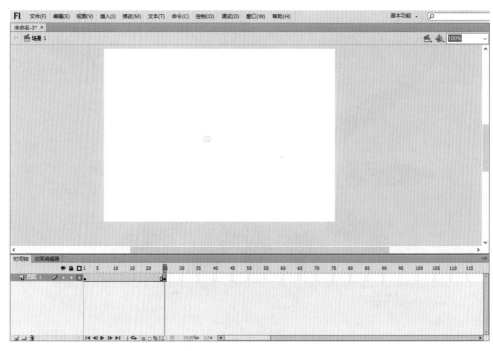

图 3-30　删除花瓣

（6）在时间轴中第 25 帧前的任意一帧上右击，选择【创建补间形状】，完成补间动画制作，如图 3-31 所示。

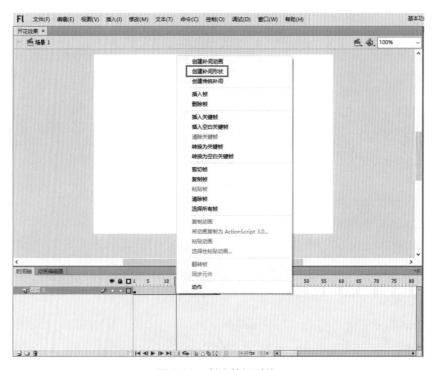

图 3-31　创建补间形状

4. 实例制作2：字体变换

（1）新建一个文件，使用文本工具居中输入大写的 X，使用黑体、字体大小 150、绿色、加粗，如图 3-32 所示。

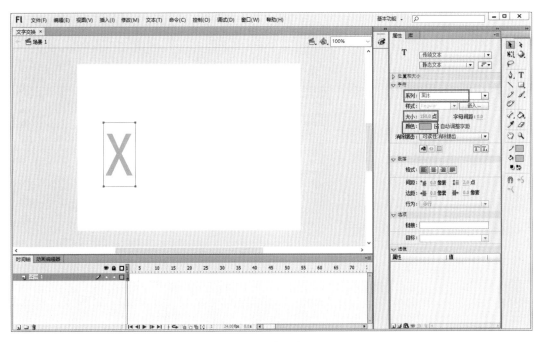

图 3-32　输入字母 X

（2）选中舞台中的字母 X 点击【修改】→【分离】，将其文本属性变为形状属性，如图 3-33 所示。

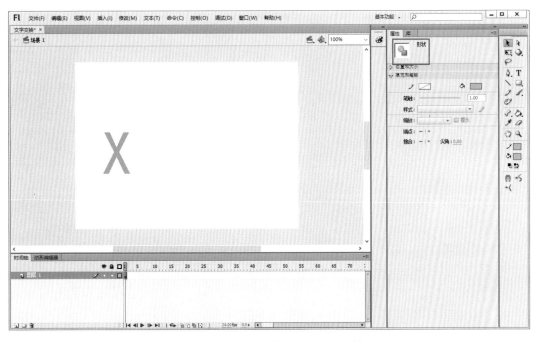

图 3-33　将文本属性转化为形状属性

（3）在第25帧插入空白关键帧，输入大写的Y，使用黑体字体大小150、红色、加粗，如图3-34所示。

图3-34　插入空白关键帧

（4）在舞台中使用文本工具输入Y字母，并点击【修改】→【分离】，将文本文档属性变为形状属性，如图3-35所示。

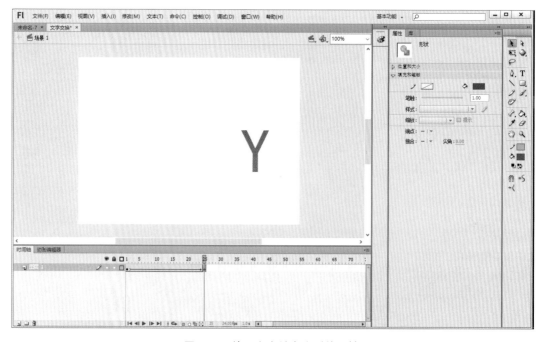

图3-35　输入文本并变为形状属性

（5）在第 1 到 24 帧中的任意一帧右击，选择【创建补间形状】。完成补间动画制作，如图 3-36 所示。

图 3-36　创建补间形状

（6）点击时间轴第 1 帧如图添加 5 个形状提示（a、b、c、d、e），如图 3-37 所示。

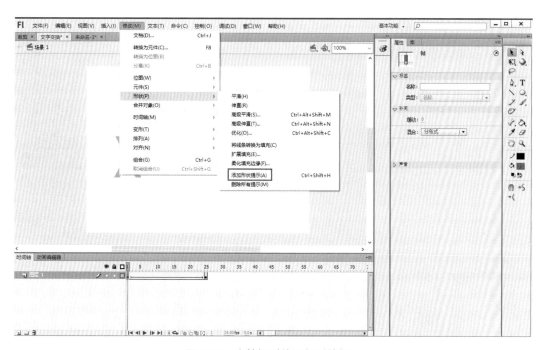

图 3-37　为补间形状添加形状提示

(7) 将形状提示锚点排列成如图 3-38 所示。

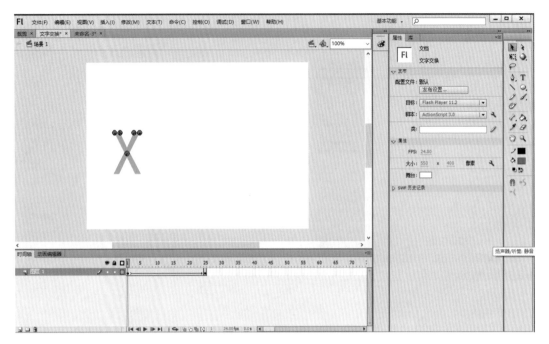

图 3-38　移动形状提示锚点

(8) 点击第 25 帧将形状提示锚点如图 3-39 所示放置。

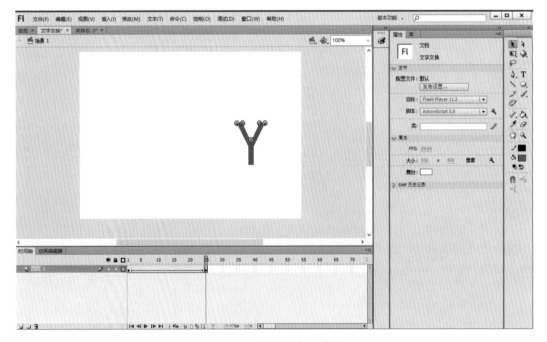

图 3-39　移动形状提示锚点

第四节　动作补间动画

1. 动作补间动画基础

补间动画是 Flash 动画的特色所在，补间动画是指一个对象在两个关键帧上分别定义了不同的属性，如对象的大小、颜色、旋转度及位置变化等，在同一图层的首、尾帧中建立关键帧，设置补间从而自动填补两个关键帧之间的动画过程。

2. 动作补间动画的属性设置

在【时间轴】面板中选取要创建补间动画的帧，打开【属性】面板，此面板现在显示的是创建动画所需要设置的属性值，如图 3-40 所示。

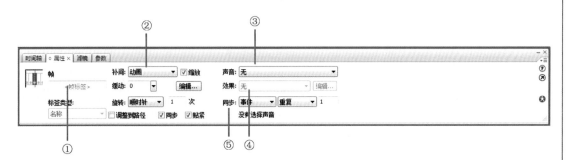

图 3-40　动作补间动画属性

① 帧：用于输入帧的标签名。

② 补间：单击【补间】下拉列表框，从中选择一种补间模式来制作动画。其各选项的含义如下：

　　无：表示不创建动画。

　　动画：选择此项创建的是动作补间动画。

　　形状：用于创建形状补间动画。

③ 声音：导入外部声音后，用于选择播放的声音文件。

④ 效果：设置选择播放的声音文件的效果，如左声道、右声道、淡入、淡出等。

⑤ 同步：用于设置动画和时间轴的关系。

3. 实例制作 1：篮球滚动

（1）绘制一个篮球，使用任意变形工具将篮球适当缩小放置于舞台的左边，如图 3-41 所示。

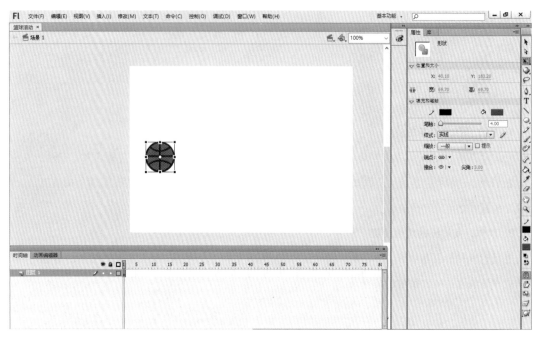

图 3-41　移动缩放篮球

（2）点击【修改】→【转换为元件】，在名称中填入"篮球"，类型选择为图形，点击【确定】，如图 3-42 所示。

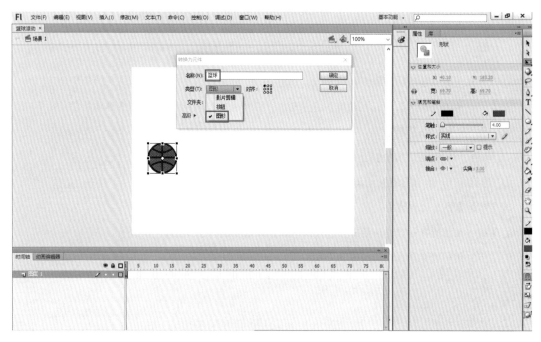

图 3-42　将篮球转换为元件

（3）在时间轴版面第 25 帧右键单击，在弹出的菜单中点击【插入关键帧】，如图 3-43 所示。

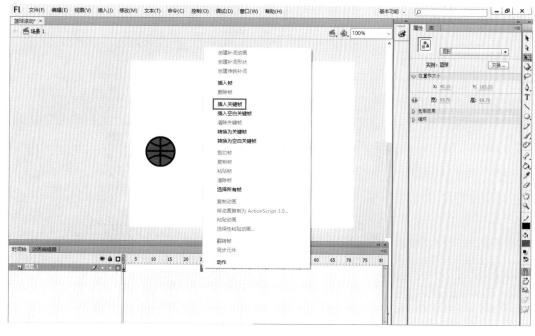

图 3-43　插入关键帧

（4）将第 25 帧处的篮球元件移动至舞台右端，如图 3-44 所示。

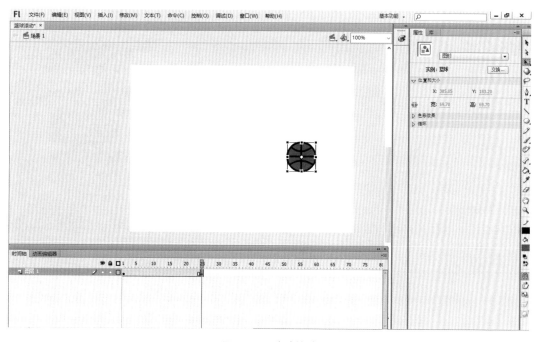

图 3-44　移动篮球

（5）在时间轴版面中第 25 帧前的任意一帧上右击，在弹出的版面中点击【创建补间动画】，如图 3-45 所示。

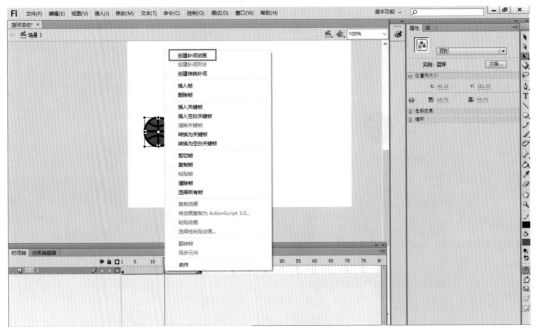

图 3-45　创建补间动画

（6）选择第 25 帧前的任意一帧，在属性版面中将旋转选项设置为顺时针，如图 3-46 所示。

图 3-46　设置补间动画属性

第五节　遮罩动画

1. 遮罩动画的概念

　　遮罩动画的原理就好比制作一个小孔，通过这个小孔，浏览的人可看到小孔后面的内容。这个内容可以是一个静态的形状、文本对象或元件，也可以是一个动态的电影片段，可以将多个对象组合在一起，分别放在多个图层中并将这些对象放在小孔道的后方，从而创建更为复杂的动画效果。

　　遮罩动画常用于创建类似于放大镜、突出主题、逐渐显示或隐藏等效果的动画。两组图为遮照动画在网络中的应用。文字上方有一个遮罩层，文字为被遮罩层，当遮罩层中绘制的图形移动后覆盖住文字时，文字就会随之呈现出来。

2. 创建遮罩的方法

　　创建遮罩层的方法可分为两种：利用"图层属性"对话框创建遮罩层，或在菜单中创建遮罩层。

　　利用"图层属性"对话框创建遮罩层的具体步骤是：选中包含遮罩对象的图层，在该图层上的图标上双击，打开图层属性面板，然后在类型选项组中选择【遮罩层】单击按钮，单击【确定】按钮；再选中被遮罩的图层。打开此图层的图层属性面板，在类型选项组中选择【被遮罩】单选按钮，单击【确定】按钮即可。

　　通过菜单创建遮罩层的具体操作步骤是：在包含遮罩对象的图层上单击鼠标右键，在弹出的快捷菜单中选择【遮罩层】命令即可。

3. 实例制作 1：探照灯效果

　　（1）新建一个文件，点击【文件】→【导入】→【导入到舞台】，找到一张风景图片，导入到舞台中，如图 3-47 所示。

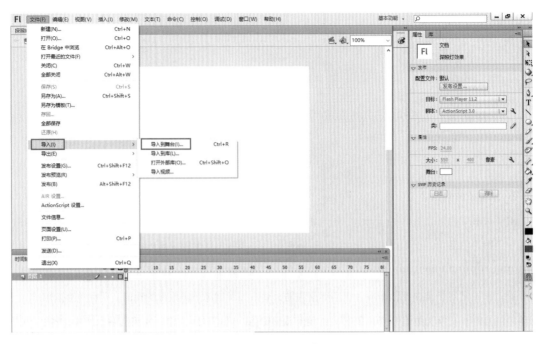

图 3-47　导入图片

（2）使用任意变形工具点击舞台中的画面将属性修改为与舞台同等大小，X＝0、Y＝0，如图 3-48 所示。

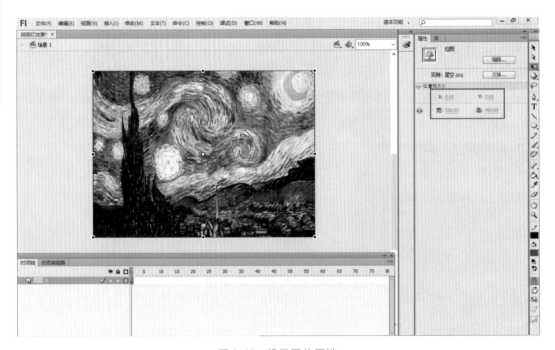

图 3-48　设置图片属性

（3）点击【修改】→【文档】，在弹出的文件属性中将背景颜色修改为黑色，如图 3-49 所示。

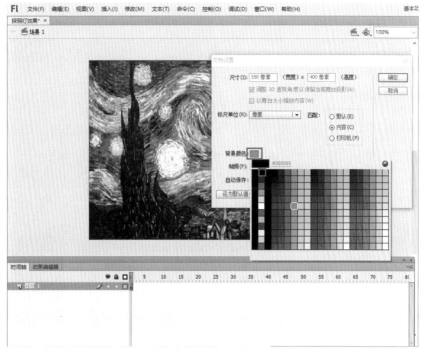

图 3-49　设置文档背景色

（4）点击【时间轴】在第 40 帧处点击【插入帧】，如图 3-50 所示。

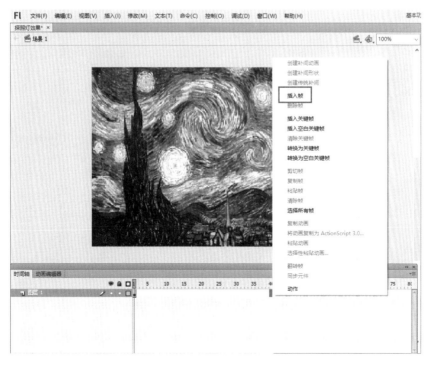

图 3-50　插入帧

(5) 新建一个空白图层，在空白图层中使用椭圆工具绘制一个圆形，如图 3-51 所示。

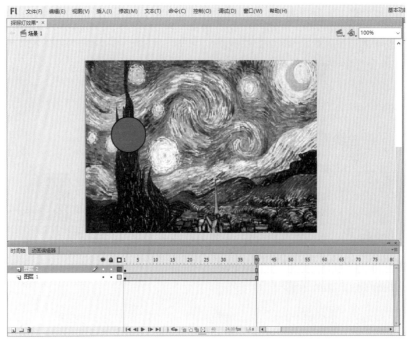

图 3-51　绘制圆形

(6) 选择圆形点击【修改】→【转换为元件】命令，在"转换为元件"对话框中将名称设置为"遮罩"，类型设置为图形，如图 3-52 所示。

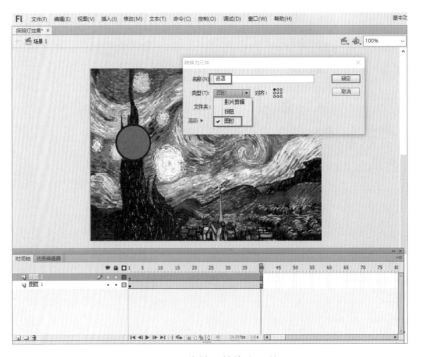

图 3-52　将椭圆转换为元件

(7) 在第25帧处右键单击选择【插入关键帧】选项,在第25帧处【插入关键帧】,如图3-53所示。

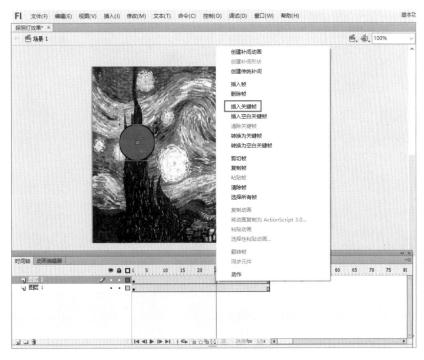

图 3-53　插入关键帧

(8) 将元件移动到右下角位置,如图3-54所示。

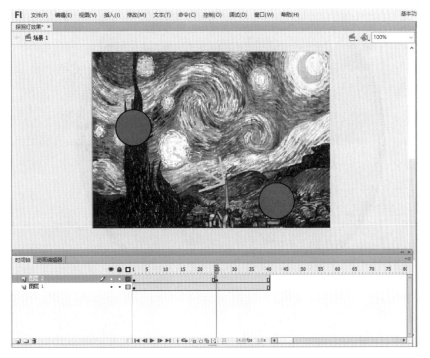

图 3-54　移动元件位置

(9) 在第 40 帧处右键单击选择【插入关键帧】选项，在第 40 帧处【插入关键帧】，如图 3-55 所示。

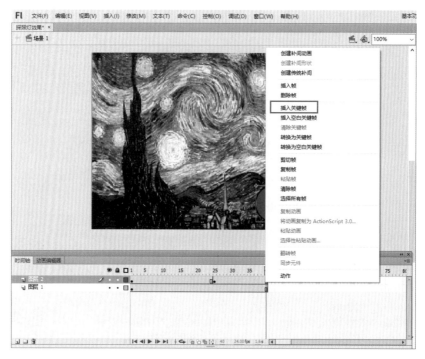

图 3-55 插入关键帧

(10) 使用任意变形工具将遮罩元件放大到可以覆盖住整个舞台，如图 3-56 所示。

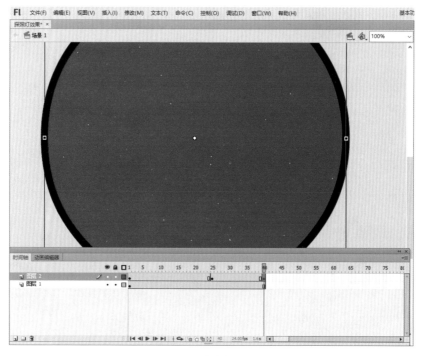

图 3-56 放大遮罩元件

（11）在第 25 帧之前任意一帧右键点击，在弹出菜单中选择【创建传统补间】，然后在第 40 帧之前任意一帧右键点击，在弹出菜单中选择【创建传统补间】。生成动画效果，如图 3-57 所示。

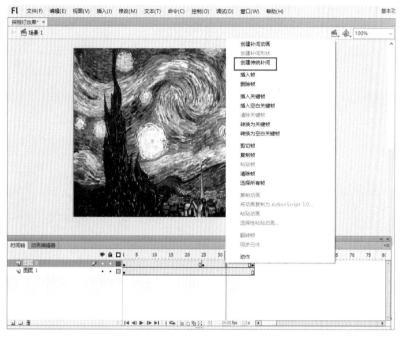

图 3-57　创建传统补间

（12）在时间轴版面中图层 2 上右键单击，在弹出的菜单中选择【遮罩层】，将图层设置为遮罩层，如图 3-58 所示。

图 3-58　遮罩层的设置

4．实例制作 2：放大镜效果

（1）新建一个文件，点击【修改】→【文档】，将文件属性中的背景颜色设置为黑色，如图 3-59 所示。

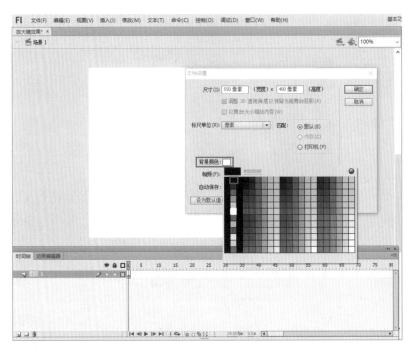

图 3-59　设置文档背景颜色

（2）使用文本工具将属性中的字体设置为楷体加粗，字体大小为 44，文本填充颜色为红色，在舞台中输入"欢迎使用 flash"，如图 3-60 所示。

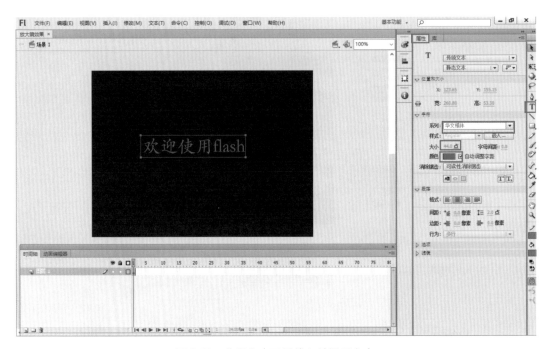

图 3-60　使用文本工具输入并设置文本

（3）在时间轴版面图层 1 的第 50 帧处右键单击，将弹出菜单中选择【插入帧】选项，如图 3-61
所示。

图 3-61　插入帧

（4）在时间轴版面中新建一个图层 2，在图层 2 中使用矩形工具在"欢迎使用 flash"的正上方绘制一
个长方形，笔触颜色为红色，填充颜色为黑色，如图 3-62 所示。

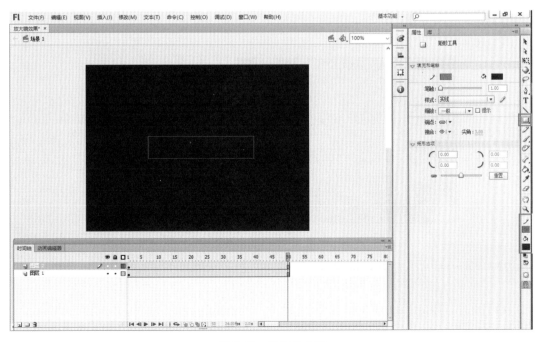

图 3-62　绘制长方形

(5) 在矩形正上方使用文本工具将属性中的字体设置为楷体加粗，字体大小为 48，文本填充颜色为红色，在舞台中输入"欢迎使用 flash"，如图 3-63 所示。

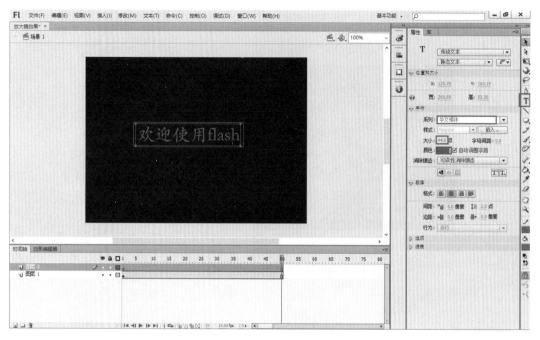

图 3-63　在长方形上输入文本字体

(6) 在时间轴版面中新建一个图层 3，在图层 3 中使用椭圆工具在舞台的左边绘制一个比单个字体略大的圆形，如图 3-64 所示。

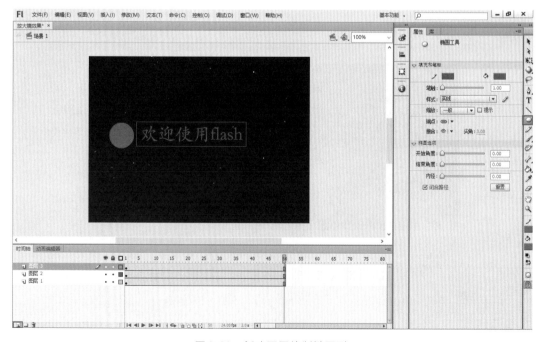

图 3-64　新建图层绘制椭圆形

(7) 使用选择工具选择绘制的圆形，点击【修改】→【转换为元件】，在转换为元件版面中将名称设置为 "遮罩"，类型为图形，如图 3-65 所示。

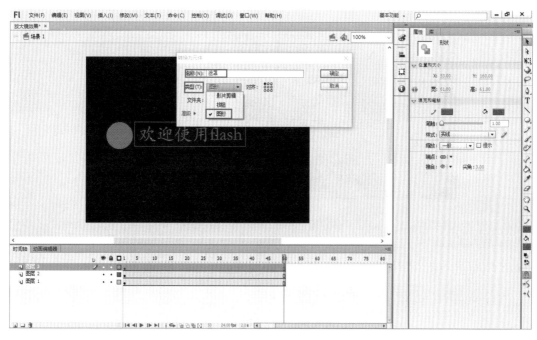

图 3-65   将椭圆形转换为元件

(8) 在时间轴版面中图层 3 第 50 帧处右键单击，在弹出的菜单中选择【插入关键帧】，如图 3-66 所示。

图 3-66   插入关键帧

(9) 使用选择工具将遮罩元件移动到舞台的右边，如图 3-67 所示。

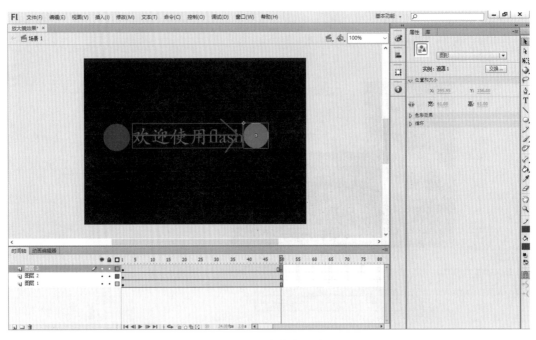

图 3-67　移动椭圆形

(10) 在第 50 帧前的任意一帧右键单击，在弹出菜单中选择【创建传统补间】命令，创建动画效果，如图 3-68 所示。

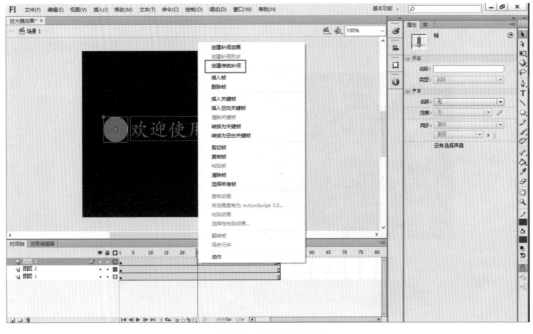

图 3-68　创建传统补间

（11）在时间轴版面中右键单击图层3，在弹出菜单中选择【遮罩层】命令，创建遮罩层，如图3-69所示。

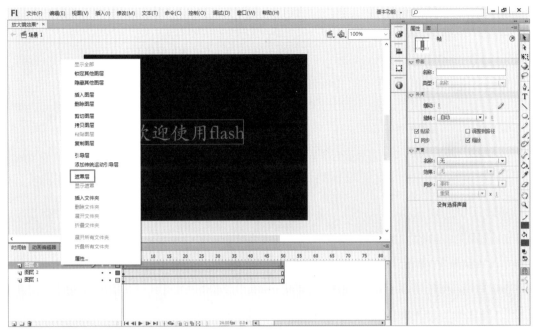

图3-69　创建遮罩层

（12）单击图层2后面的【图层锁定】按钮，解除图层锁定，使用选择工具选中红色的矩形轮廓线，点击Delete键删除轮廓线，如图3-70所示。

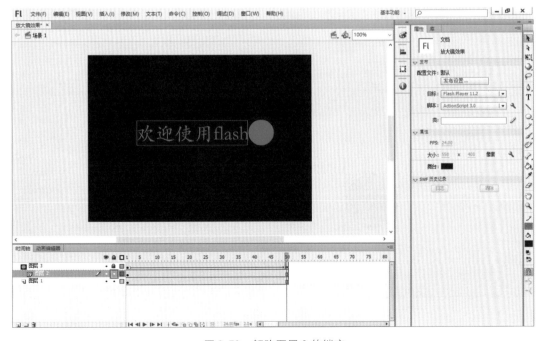

图3-70　解除图层2的锁定

第六节 引导路径动画

1. 创建引导路径动画的方法

创建引导层的方法有 3 种: 通过按钮 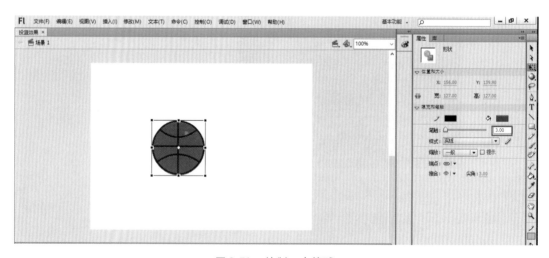 创建、利用菜单命令创建引导层、将已有图层变为引导层。

(1) 通过按钮 创建

单击时间轴面板左下角的按钮 ，即可在当前选定图层之上创建一个新的引导层，并在选定图层与新建的引导层之间建立链接关系，以前的选定图层变为被引导层。

(2) 利用菜单命令创建引导层

在要创建引导层的图层上单击鼠标右键，从弹出的快捷菜单中选择【添加引导层】命令，即可在该图层上方创建一个与其相链接的引导层，该图层变为被引导层。

(3) 将已有图层变为引导层

制作引导层动画既可以先创建新的引导层然后在引导层中绘制运动路径，也可以将已经绘制好路径的图层装换为引导层。

2. 实例制作 1: 篮球落地效果

(1) 新建一个文件，在舞台中使用椭圆工具和线条工具绘制一个篮球，将篮球中的笔触高度设置为 3，如图 3-71 所示。

图 3-71 绘制一个篮球

（2）选择篮球点击【修改】→【转换为元件】命令，将名称设置为"篮球"，将类型设置为图形，并将篮球元件缩小放于舞台左下方，如图 3-72 所示。

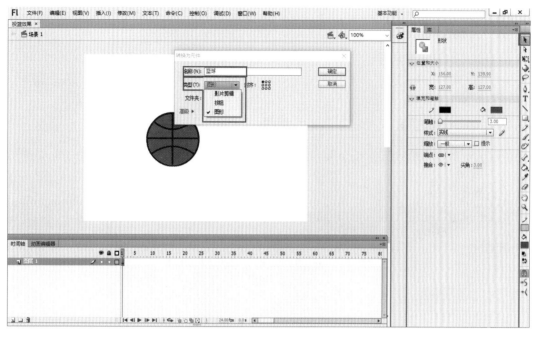

图 3-72　将篮球转换为元件

（3）新建一个图层 2，在图层中使用线条工具在篮球的底部绘制一个平行线条，作为篮球运动的地面。在图层 1 的第 50 帧右键单击，在弹出的菜单中选择【插入关键帧】，如图 3-73 所示。

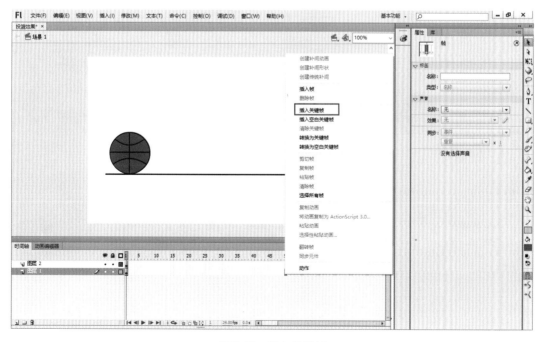

图 3-73　插入关键帧

（4）将第 50 帧处的篮球元件移动到舞台右下方，如图 3-74 所示。

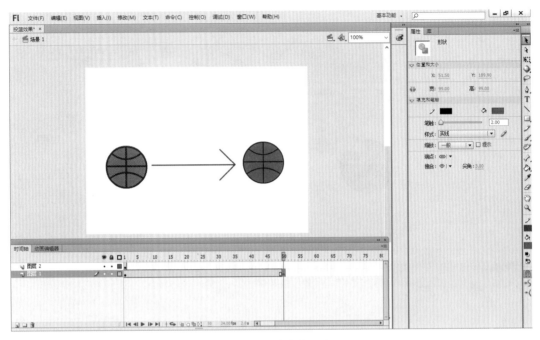

图 3-74　移动篮球元件

（5）在图层 1 第 50 帧前任意一帧右键单击，在弹出菜单中选择【创建补间动画】，如图 3-75 所示。

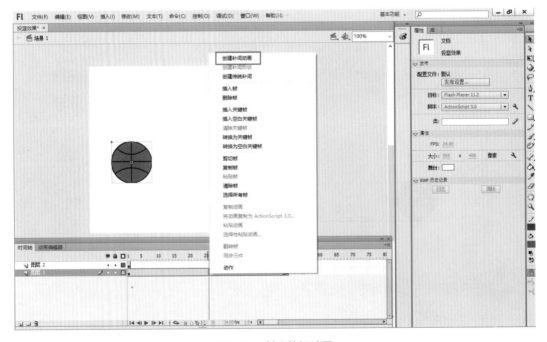

图 3-75　创建补间动画

（6）右键点击图层2第50帧，在弹出菜单中点击【插入帧】命令，如图3-76所示。

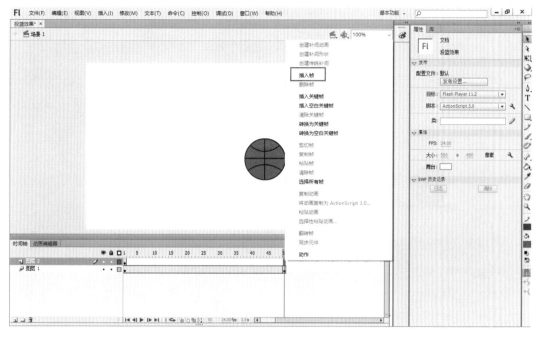

图3-76　插入帧

（7）右键点击图层1的名称在弹出版面中选择【添加传统运动引导层】，如图3-77所示。

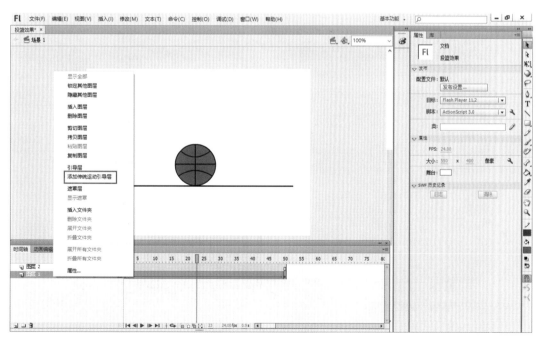

图3-77　添加传统运动引导层

（8）在新建的引导层中使用直线工具和选择工具，以图层 1 第 1 帧中篮球的中心点为起始，第 50 帧中篮球的中心点为末尾绘制一条波浪曲线，如图 3-78 所示。

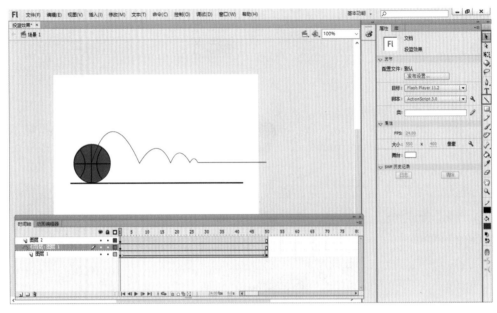

图 3-78　绘制波浪线

3. 实例制作 2：雪花飘落效果

（1）新建一个文件，点击【修改】→【文档】，将文件属性中的背景颜色设置为黑色，如图 3-79 所示。

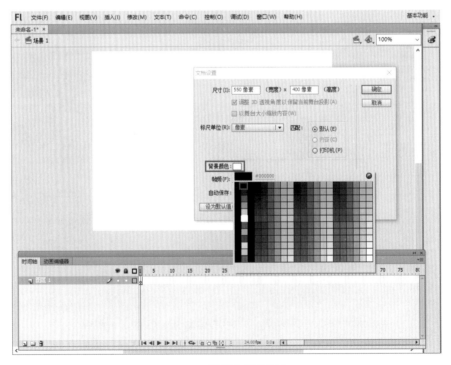

图 3-79　设置文档背景色

（2）点击【插入】→【新建元件】在弹出的"创建新元件"对话框中将名称设置为"雪花飘落"，类型设置为影片剪辑，如图 3-80 所示。

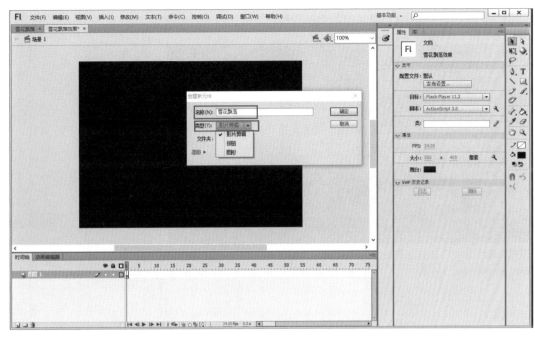

图 3-80　新建元件

（3）在"雪花飘落"影片剪辑中使用椭圆工具将笔触设置 1，颜色为白色，绘制图形如图所示，如图 3-81 所示。

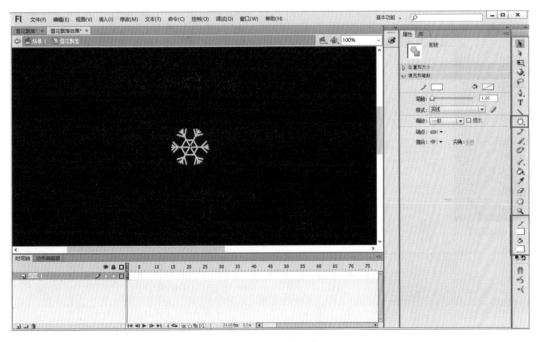

图 3-81　制作雪花

（4）使用选择工具选中绘制的正圆形，点击【修改】→【转换为元件】，在"转换为元件"对话框窗口中将名称设置为"雪花"，类型为图形，如图 3-82 所示。

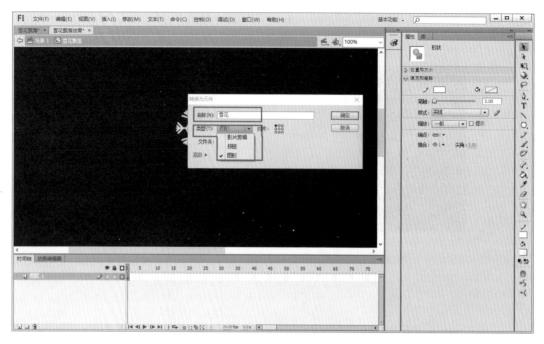

图 3-82　将图形转换为元件

（5）在图层 1 字体上右键点击，在弹出的菜单中选择【添加传统运动引导层】，如图 3-83 所示。

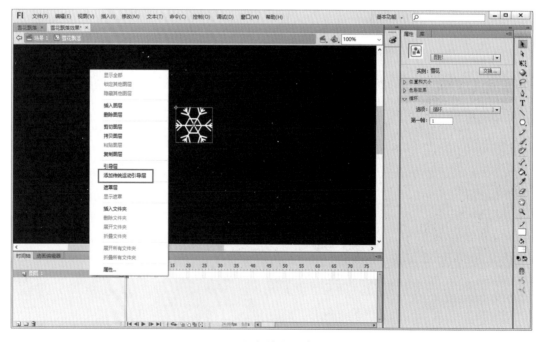

图 3-83　添加传统运动引导层

（6）使用铅笔工具将铅笔属性设置为平滑，在舞台中绘制一条较长的平滑曲线，如图 3-84 所示。

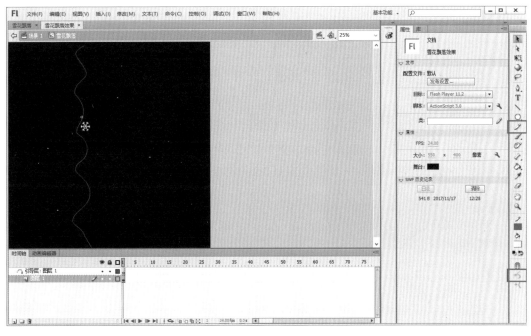

图 3-84　绘制引导曲线

（7）在时间轴版面中图层 1 的第 120 帧处右键单击，在弹出菜单中选择【插入关键帧】选项，如图 3-85 所示。

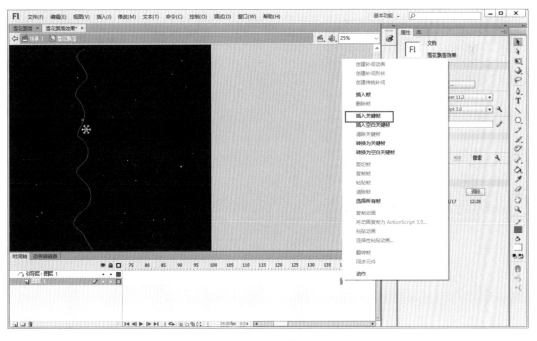

图 3-85　插入关键帧

(8) 将图层 1 的第 1 帧中的雪花元件移动至平滑曲线的顶端，如图 3-86 所示。

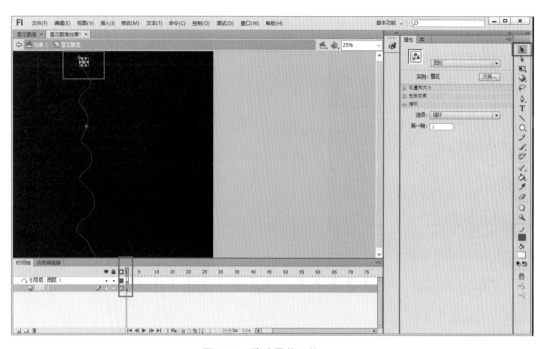

图 3-86　移动雪花元件（1）

(9) 将图层 1 的第 120 帧中的雪花元件移动至平滑曲线的底端，如图 3-87 所示。

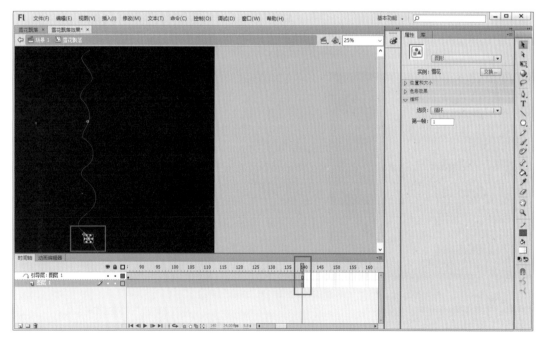

图 3-87　移动雪花元件（2）

（10）选择图层第 120 帧之前的任意一帧右键单击，在弹出菜单中选择【创建传统补间】，如图 3-88 所示。

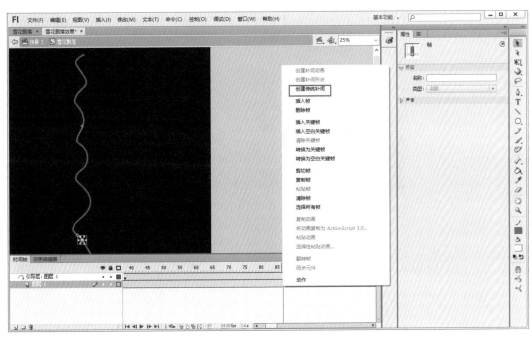

图 3-88　创建补间动画

（11）点击舞台左上角的场景 1 返回场景 1，点击右侧的库打开库版面，如图 3-89 所示。

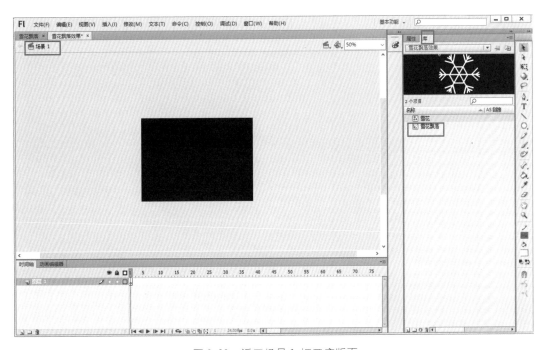

图 3-89　返回场景 1 打开库版面

（12）在库版面中将"雪花飘落"多次拖动到舞台中。使用任意变形工具，水平反转"雪花飘落"，缩小"雪花飘落"，如图3-90所示。

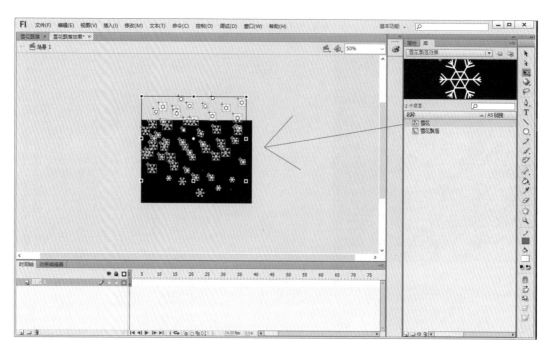

图 3-90　放置多个雪花

第四章　文本的使用

第一节　文本的输入

文本工具用于在舞台输入文本（快捷键 T），如图 4-1 所示。文本工具的使用与工具栏中其他工具的使用一样，创建的文本以文本块的形式显示，用选择工具可以随意调整它在场景中的位置，单击文本工具即可将其激活，激活文本工具后，属性面板中将自动显示文本的各种属性，如字体、字号与颜色等。

图 4-1　文本工具

第二节　设置文本属性

1. 文本工具

单击工具栏中的文本工具或选中文本框，即可显示文本工具属性面板，如图 4-2 所示。文本工具不像打字那么简单，它还包含静态文本、动态文本和输入文本。

（1）静态文本

静态文本是最常用的文本形式，作品中基本都使用这一类文本。这一类文本的最终效果取决于影片中的编辑，也就是说，开始设定是怎么样的，最后导出的效果就是怎样的。

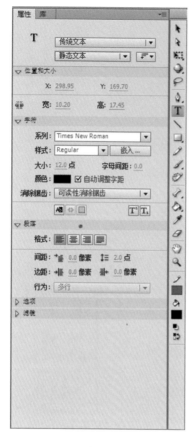

图 4-2　文本工具属性面板

（2）动态文本

这一类文本也比较常用，是可更新的一种文本形式，如制作动态时钟时可以用到，可借助代码实现文本的不定时更新。

（3）输入文本

使用者可在这一类文本上输入内容，如一些填充题常用到。

2．文本段落样式

文本段落样式有四种基本模式，即左对齐、居中对齐、右对齐、两端对齐，如图4-3所示。

图 4-3　段落样式

（1）左对齐：文字段落左对齐。

（2）居中对齐：文字居中对齐。

（3）右对齐：文字段落右对齐。

（4）两端对齐：将文字左、右两端同时对齐。

3．建立文本超链接

为Flash添加超链接的方法有很多，通过文本工具属性面板可以直接为文字添加超链接，选中文本，在属性面板中的URL链接后面的文本框中输入网址，即可为所选文本添加超链接。

4．文本的间距

勾选"自动调整字距"选项后，就可激活所选文本字体内置的字距调整选项，自动调整文本单个字符之间的间距，但该选项并不能应用于所有字体，要求所选字体中必须包含字距调整信息。

5．文本的方向

文本有横排文本和纵排文本两种排列方式，Flash提供了三种排列方式，即水平、垂直、从右向左，如图4-4所示。

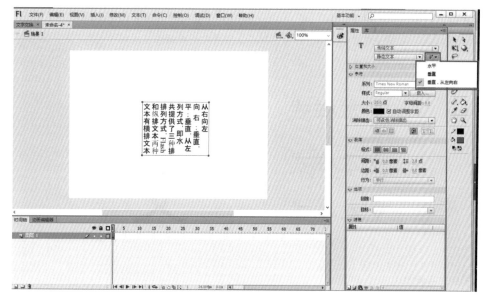

图 4-4　改变文本方向

第三节　常用于文本的特效

1. 分离文本

一个作品中会用到很多种字体，当更换计算机再次打开原文件时，软件会弹出窗口询问是否要替换成默认字体或自己选择一种字体替换，这样会影响原有的效果。因此，有时候无需更改的文本内容，可以选择分离文本来处理。这样不管是否安装所使用的字体，都可以看到本来的效果。

用文本工具输入文字，选择【修改】菜单中的【分离】命令，如图 4-5 所示；也可使用快捷键 Ctrl+B达到分离的效果，如图 4-6 所示。

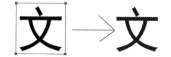

图 4-5　选择【分离】命令　　　　　　　　　图 4-6　分离效果

如果文本里是多字，则需要分离两次才能达到效果，如图4-7所示。第一次只是把文字拆散成单个，这样还属于文本类，可以随时修改字体与内容。第二次分离后不再属于文本类，而属于图形类，这时可以像图形那样改变形状，如图4-8所示。

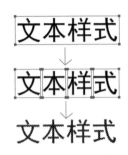

图 4-7　分离两次效果

图 4-8　对文字进行编辑

2. 彩色文字特效

下面结合所学的工具来制作彩色文字的效果。

（1）输入所需文字内容，如图4-9所示。

（2）然后选择输入文字的图层，按快捷键 Ctrl + B 将文字打散，将文本转换为图形，如图4-10所示。用选择工具或任意变形工具选择 Adobe 的上半部分，在油漆桶中选择所需要的颜色进行填充，如图4-11所示，此时文字具有双色效果。同理进行不同部分的选取，填充不同的颜色，这时会产生炫目的彩色文字效果，如图4-12所示。

图 4-9　输入文字内容

图 4-10　文字打散

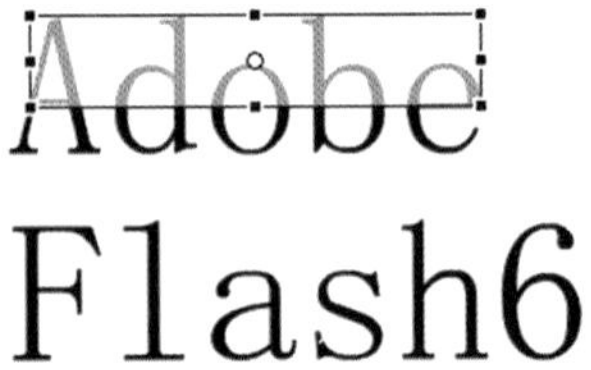

图 4-11　为部分内容填充颜色

图 4-12　最终效果

3. 文字分布到各图层

根据制作需要，有时输入的每个文字要分散到每个图层，如果一个一个地输入图层，则会增加工作成本，降低工作效率，这就需要一种行之有效的快速方法。新建文本，如图4-13所示，再按快捷键 Ctrl + B 分散文本，如图4-14所示。

图 4-13　文本

图 4-14　分散文本

鼠标放在文本上右击，在弹出的快捷菜单中单击【分散到图层】命令，如图4-15所示，每个数字分别分散在图层中。

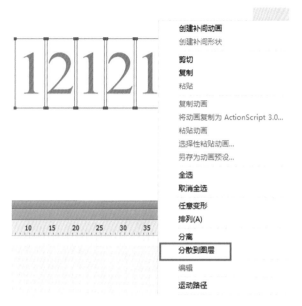

图4-15　分散到图层

4. 为文本添加滤镜效果

提到滤镜，就会想到Photoshop，在Flash CS6中也增加了滤镜功能。使用滤镜可以增添有趣的视觉效果。应用滤镜后，可以随时改变它的各选项值，或者调整滤镜添加的顺序以生成不同的效果。

选中文本对象后，打开属性面板，单击滤镜选项卡，如图4-16所示。在该选项卡中单击【添加滤镜】按钮，如图4-17所示。在弹出的下拉列表中可以选择要添加的滤镜选项，如图4-18所示，也可以执行删除、启用和禁用滤镜效果操作。添加滤镜后，在滤镜选项卡中会显示该滤镜的属性，在滤镜面板窗口中会显示该滤镜的名称，重复添加操作可以为文字创建多种不同的滤镜效果。如果单击【删除滤镜】按钮，可以删除选中的滤镜效果。

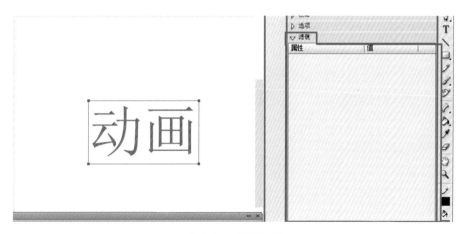

图4-16　属性面板

图 4-17　添加滤镜　　　　　　　　　　图 4-18　滤镜选项卡

添加滤镜效果后,可以设置滤镜的相关属性,每种滤镜效果的属性设置都有所不同,下面介绍这些滤镜的属性设置。

(1)添加投影滤镜

添加投影滤镜效果如图 4-19 所示,其主要选项参数的说明如下:

① 模糊 X 和模糊 Y:用于设置投影的宽度和高度。

② 强度:用于设置投影的阴影暗度,暗度与该文本框中的数值成正比。

③ 品质:用于设置投影的质量级别。

④ 角度:用于设置阴影的角度。

⑤ 距离:用于设置阴影与对象之间的距离。

⑥ 挖空:用于选中该复选框,可将对象实体隐藏,且只显示投影。

⑦ 内阴影:用于选中该复选框,可在对象边界内应用阴影。

⑧ 隐藏对象:用于选中该复选框,可隐藏对象,并只显示其投影。

⑨ 颜色:用于设置阴影颜色。

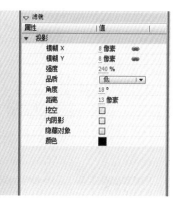

图 4-19　添加投影滤镜

（2）添加模糊滤镜

添加模糊滤镜，效果如图 4-20 所示，其主要选项参数的说明如下：

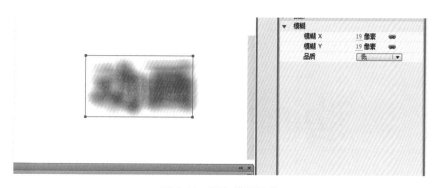

图 4-20　添加模糊滤镜

① 模糊 X 和模糊 Y：用于设置模糊的宽度和高度。

② 品质：用于设置模糊的质量级别。

（3）添加发光滤镜

添加发光滤镜，效果如图 4-21 所示，主要选项参数的说明如下：

① 模糊 X 和模糊 Y：用于设置发光的宽度和高度。

② 强度：用于设置对象的透明度。

③ 品质：用于设置发光的质量级别。

④ 颜色：用于设置发光颜色。

⑤ 挖空：选中该复选框，可将对象实体隐藏，且只显示发光。

⑥ 内发光：选中该复选框，可使对象只在边界内应用发光。

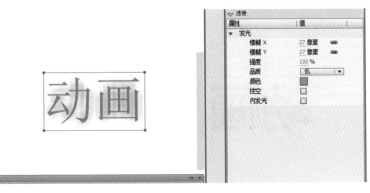

图 4-21　添加发光滤镜

(4) 添加斜角滤镜

添加斜角滤镜，效果如图 4-22 所示。斜角滤镜的大部分属性设置与投影、模糊或发光滤镜属性相似。单击【类型】按钮，在弹出的菜单中可以选择内侧、外侧、全部三个选项，分别对对象进行内斜角、外斜角或完全斜角的效果处理。

图 4-22　添加斜角滤镜

(5) 添加渐变发光滤镜

渐变发光滤镜可以使对象的发光表面具有渐变效果，如图 4-23 所示。将光标移动至该面板的渐变栏上，光标则会增加一个加号，此时单击鼠标可以添加一个颜色指针。单击该颜色指针，可以在弹出的颜色列表中设置渐变颜色；移动颜色指针的位置，可以设置渐变色差。

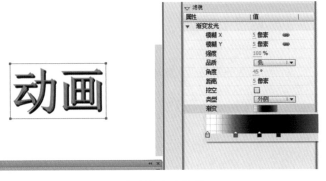

图 4-23　添加渐变发光滤镜

（6）添加渐变斜角滤镜

添加渐变斜角滤镜，效果如图 4-24 所示。渐变斜角滤镜可以使对象产生凸起效果，并且使斜角表面具有渐变颜色。设置渐变斜角滤镜的属性可以参考前面介绍的滤镜属性设置。

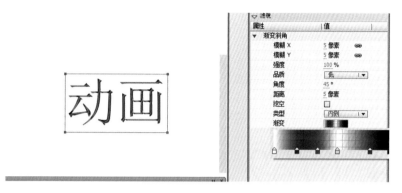

图 4-24　添加渐变斜角滤镜

（7）添加调整颜色滤镜

添加调整颜色滤镜，效果如图 4-25 所示。调整颜色滤镜可以调整对象的亮度、对比度、色相和饱和度；可以通过拖动滑块或者在文本框中输入数值的方式，调整对象的颜色。

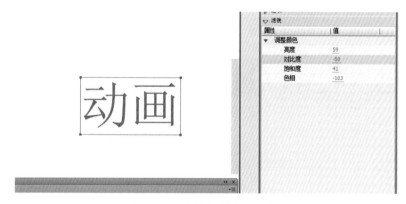

图 4-25　添加调整颜色滤镜

第四节　文字与动画

1. 文字片头动画

图 4-26　新建文本

现在结合所需的基础知识来制作一个简单的文字片头动画，文字依次出现在屏幕上。

（1）新建文本，如图 4-26 所示。

（2）按快捷键 Ctrl＋B 打散文本，如图 4-27 所示。右击文本，在弹出的快捷菜单中单击【分散到图层】命令，这时每个数字依次分布到每一层，如图 4-28 所示。

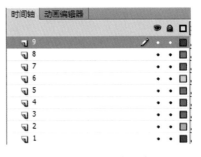

图 4-27　打散文本　　　　　图 4-28　打散分布到各层

现在需要进行时间轴的控制。由于数字 1 是最先出现的，不需要在它的关键帧前面加入空白关键帧，所以要在数字 2 的时间轴上进行空白关键帧的设置，鼠标按住关键帧不放，向右进行拖放，发现在关键帧前出现了空白关键帧，如图 4-29 所示。空白关键帧表示时间在这里经过时是空白的、没有内容的。依此类推，此后每个数字时间轴上的空白关键帧都比前一个长，如图 4-30 所示。这时就可以播放出文字依次出现在屏幕上的效果。

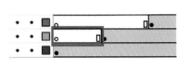

图 4-29　拖放出空白关键帧

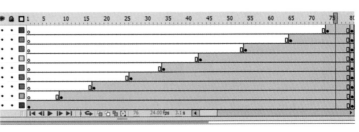

图 4-30　各层时间轴设置

2. 文字遮罩动画

下面来学习制作文字遮罩动画。

(1) 新建图层 1，输入文字，在第 30 帧插入帧，再按 F5 键，如图 4-31 所示。

(2) 新建图层 2，在文字的左侧第 1 帧处绘制一个正圆，如图 4-32 所示。在第 15 帧和第 30 帧处各创建关键帧。单击第 15 帧，用选择工具将圆移动到文字的最右侧，右击文本，在弹出的快捷菜单中单击【创建传统补间】命令，如图 4-33 所示。

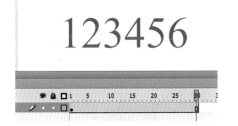

图 4-31　新建图层 1 并输入文字

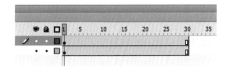

图 4-32　新建图层 2 并绘制正圆

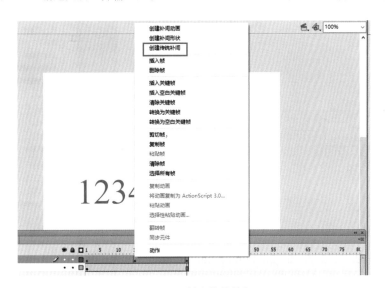

图 4-33　创建传统补间

(3) 单击图层 2，右击点选【遮罩层】，如图 4-34 所示。

(4) 保存文件，按 Ctrl + Enter 组合键测试影片，就可以看到文字遮罩动画了。

3. 制作彩虹文字效果

制作彩虹文字效果的具体操作如下：

(1) 新建一个大小为 500px * 150px 的 Flash 文档，背景颜色根据喜好自定义，如图 4-35 所示。

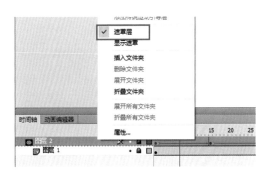

图 4-34　创建遮罩层

（2）用矩形工具绘制一个与舞台大小一样的图形，填充彩虹渐变色，用渐变变形工具调整颜色倾斜角度，并让图形位于舞台中央（与画布对齐），这样才能达到更好的效果，如图4-36所示。

图4-35　导入图片

图4-36　设置填充颜色

（3）选中图形，按Alt键拖片，此时图形已被复制，将图形副本水平排列于图片左侧。利用选择工具框选或按住Shift键将两张图片选中，按F8键将其转换为元件，元件类型为影片剪辑，如图4-37所示，单击【确定】按钮，双击库面板中的元件1。

图4-37　影片剪辑元件

进入元件编辑状态，选中元件第1帧，将两张图片向左侧移动，图片右侧与舞台右侧对齐。选中影片剪辑的第30帧，插入关键帧或者按F6键，将该帧的对象向右水平拖动，尽量保证图形在一个水平线上，图形左侧与舞台左侧对齐。单击第1帧，右击，在弹出的快捷菜单中单击【创建传统补间】命令，如图4-38所示，使图形从左向右移动。

（4）回到场景，可以将先前放置在背景上的图形删除，将影片剪辑元件以拖动的方式放入舞台，将右侧的对象与舞台对齐即可。

图4-38　创建传统补间

（5）新建一个图层，重命名为"文字"，在工具箱中选择文本工具，在舞台中央输入文字，大小与舞台匹配，颜色任意，字体尽量选择比较粗大的字体，这样效果才明显，如图4-39所示。文字输入和设置完毕后，右击文字图层，在弹出的快捷菜单中单击【遮罩层】命令，如图4-40所示，文字的颜色消失，取而代之的是下层的图片，如图4-41所示。

图 4-39　输入文字

图 4-41　遮罩效果

图 4-40　创建遮罩层

(6) 保存文件，按 Ctrl + Enter 组合键测试影片，看到的动画效果就是文字中的图片在不停地移动。

4. 制作文字广告效果

制作文字广告效果的具体操作如下。

(1) 新建一个大小为 500px * 150px 的 Flash 文档，背景颜色根据喜好自定义，在图层 1 上输入文字，进行打散并分散到图层，再删除图层 1，如图 4-42 所示。

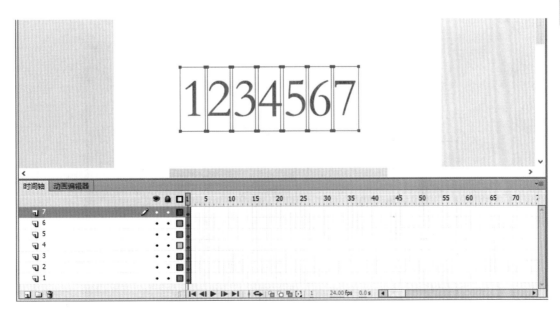

图 4-42　将文字打散并分散到图层

（2）在每一层的第 5 帧上设置关键帧，按 F6 键并右击，在弹出的快捷菜单中单击【创建传统补间】命令，如图 4-43 所示。

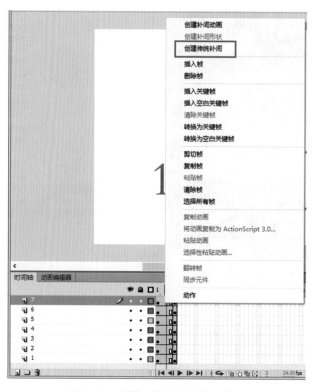

图 4-43　在第 5 帧处创建补间动画

（3）在第一层的第 1 帧上单击舞台上对应的数字，用任意变形工具放大数字，如图 4-44 所示。在属性面板中设置图形的颜色模式为 Alpha，用来控制透明度，如图 4-45 所示。其他图层按照第一层的设置进行。

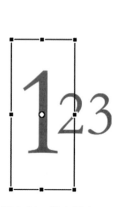

图 4-44　放大数字

图 4-45　属性设置

（4）为了使数字依次出现，时间轴图层上的关键帧应呈阶梯状出现，如图4-46所示，利用剪切和粘贴工具即可实现。

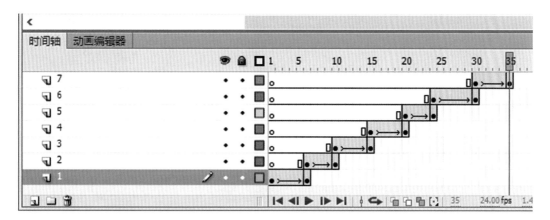

图4-46　对各图层进行设置

（5）在每一图层上的第50帧插入关键帧，按F6键，如图4-47所示。

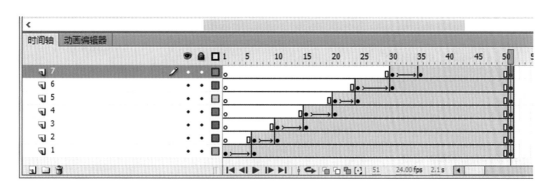

图4-47　在第50帧处插入关键帧

（6）保存文件，按Ctrl＋Enter组合键测试影片，看到的动画效果就是文字中的图片在不停地移动。

第五章 动作面板使用

第一节 认识动作面板

1. ActionScript 3.0 基础

运用 ActionScript 可以制作出交互性极强的动态网页，开发出精彩的游戏及各种实时交互系统。虽然有些效果通过传统的动画制作方法也可以完成，但要花费大量的时间，在这个讲究效率的时代，熟练地运用 Flash 的内置脚本语言 ActionScript 来满足制作需求，才是最明智的做法。

2. 动作面板和脚本窗口

在 Flash 中编写 ActionScript 语句，用户可以通过双击【动作工具箱】中的代码名称，或者使用【脚本窗格】左上角的【添加】按钮，在弹出的下拉菜单选择代码名称，将相应的代码添加至【脚本窗格】中。这些都是在动作面板中完成的，因此如果要更好的编写 ActionScript 语句，必须先对动作面板有正确的了解。

选择菜单【窗口】→【动作】命令或者按快捷键 F9，可以显示动作面板。如图 5-1 所示。

（1）标题区

在此显示了当前添加动作的对象，如帧、按钮或影片剪辑。

（2）脚本版本

在此下拉菜单中，可以选择所有 Flash CS6 支持的脚本版本，但在应用时需要注意，一定要在【发布设置】对话框中选择合适的脚本版本，否则可能无法添加某个版本的脚本。

（3）脚本工具箱

在此可以选择 Flash CS6 的全部 ActionScript 命令，每一个命令又有其子命令。

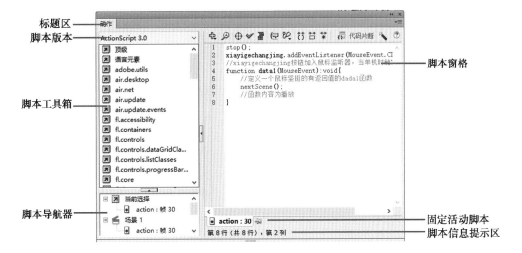

图 5-1　动作版面

（4）脚本窗格

在此输入 ActionScript 代码，可以通过右击……，在弹出的快捷菜单中选择【命令】，执行简单的复制、粘贴、剪切、撤销、重做及切换断点等操作。

（5）脚本导航器

标记当前帧和所在场景中带有 Flash 代码的帧和元件。

（6）固定活动脚本

单击【固定活动脚本】中的【固定脚本】按钮，可以将一个或多个对象的脚本固定在 "脚本窗格" 版面的底部。

（7）脚本信息提示区

在此显示当前在【脚本窗格】选中的命令的行数及列数。

3. 动作脚本中的术语

（1）Actions（动作）：就是程序语句，它是 ActionScript 脚本语言的灵魂和核心。

（2）Events（事件）：简单的说，要执行某一个动作，必须提供一定的条件，如需要某一个事件对该动作进行的一种触发，那么这个触发功能的部分就是 ActionScript 中的事件。

（3）Class（类）：是一系列相互之间有联系的数据的集合，用来定义新的对象类型。

（4）Constructor（构造器）：用于定义类的属性和方法的函数。

（5）Expressions（表达式）：语句中能够产生一个值的任一部分。

（6）Function（函数）：指可以被传送参数并能获得返回值的及可重复使用的代码块。

（7）Identifiers（标示符）：用于识别某个变量、属性、对象、函数或方法的名称。

（8）Instances（实例）：实例是属于某个类的对象，一个类的每一个实例都包含类的所有属性和方法。

第二节　动作面板的使用

1. 在时间轴上添加 stop 动作停止动画播放，呈现足球停止滚动效果。

（1）打开 Flash CS6，在舞台的左下角绘制一个足球，如图 5-2 所示。

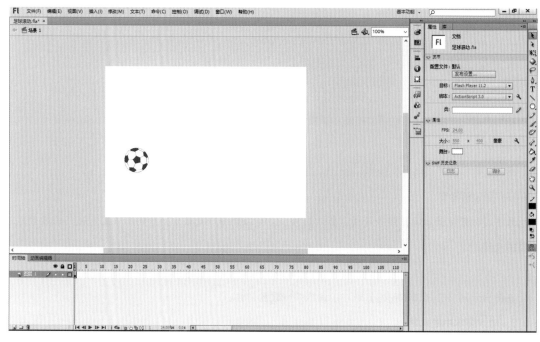

图 5-2　绘制足球

（2）将足球转换为元件，名称为"足球"，类型为图形，如图 5-3 所示。

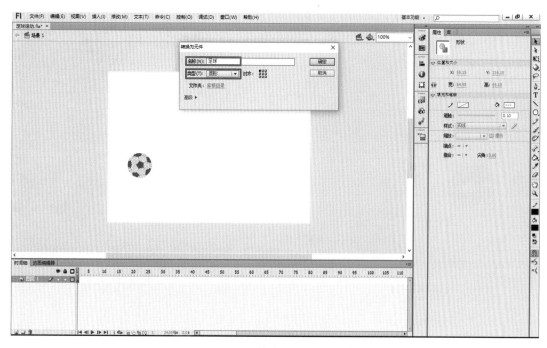

图 5-3　转换为图形元件

（3）制作足球滚动的补间动画，设置时长为 30 帧，如图 5-4 所示。

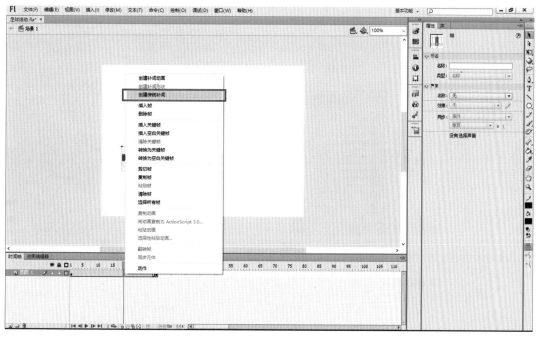

图 5-4　制作补间动画

（4）点击【新建图层】，将新建图层命名为"action"，如图5-5所示。

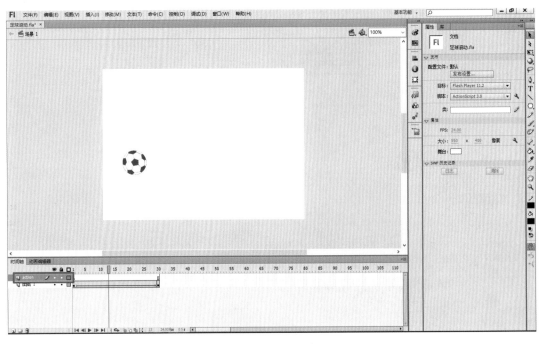

图5-5　绘制足球

（5）点击action层选择第1帧，在菜单栏中点击【窗口】→【动作】，如图5-6所示。

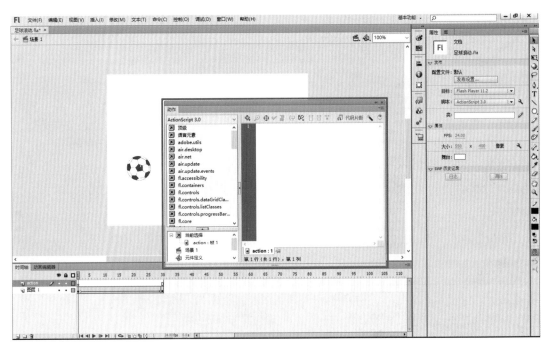

图5-6　打开动作版面

（6）在角本窗格版面中输入"stop ();"停止代码，使影片停止播放，如图5-7所示。

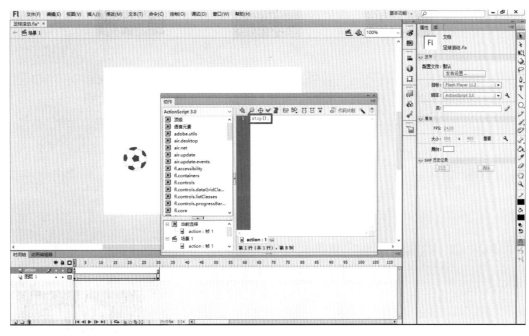

图 5-7　输入 stop

2. 通过按钮控制动画

（1）打开足球停止滚动效果，点击【插入】→【创建新元件】，在创建新元件时将名称设置为"播放"，类型设置为"按钮"，如图5-8所示。

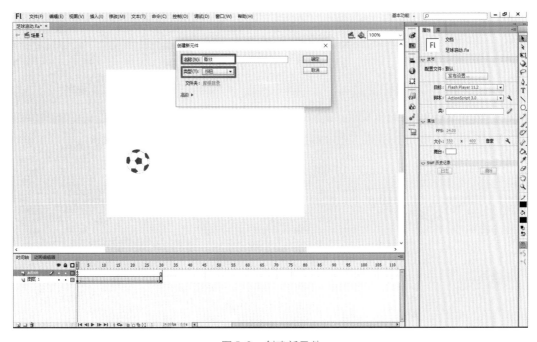

图 5-8　创建新元件

(2) 使用椭圆工具、任意变形工具、文本工具、绘制 play 按钮的 1、2、3 帧，如图 5-9 所示。

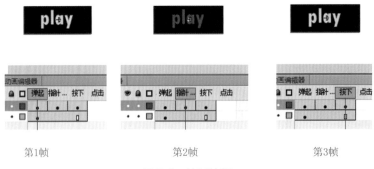

第1帧   第2帧   第3帧

图 5-9　绘制按钮

(3) 点击场景 1 转入到场景 1，如图 5-10 所示。

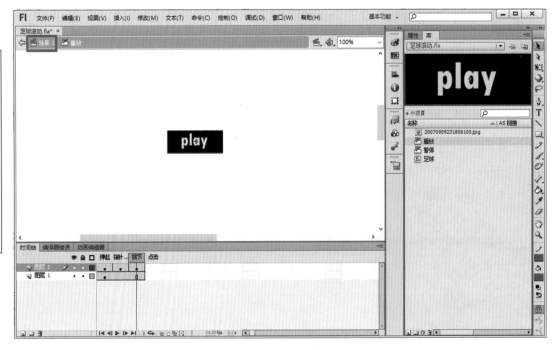

图 5-10　返回场景 1

（4）点击【窗口】→【库】打开库面板，右键点击库面板中播放按钮元件，在弹出菜单中选择直接复制，如图 5-11 所示。

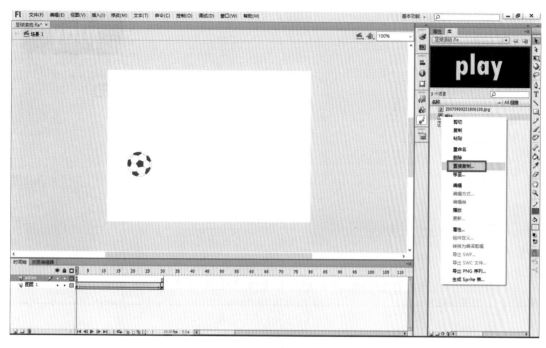

图 5-11　复制元件

（5）在直接复制元件版面中将名称设置为"暂停"，如图 5-12 所示。

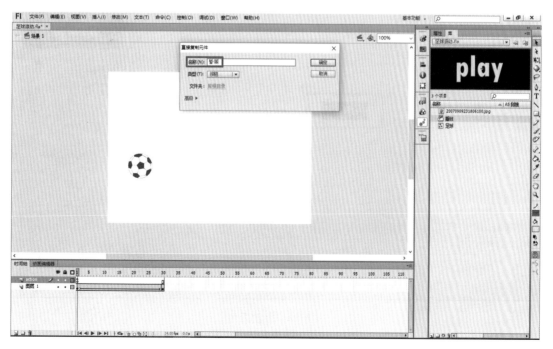

图 5-12　设置名称为"暂停"

（6）双击暂停按钮元件，进入元件，如图5-13所示。

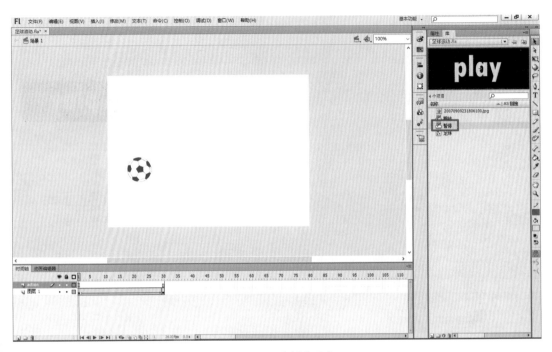

图5-13　双击暂停元件

（7）使用文本工具将play更换为stop，将其修改为暂停按钮。如图5-14所示。

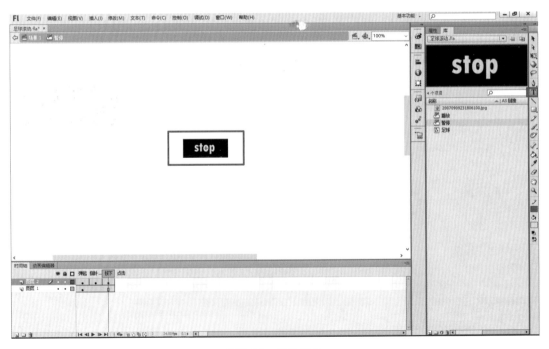

图5-14　修改元件

（8）点击场景1，返回场景1，如图5-15所示。

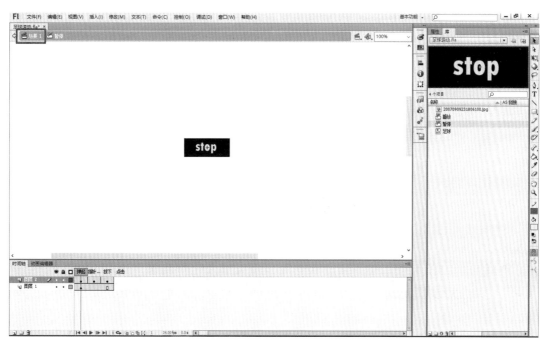

图5-15　返回场景1

（9）新建图层将播放按钮元件和暂停按钮元件拖动到舞台中，如图5-16所示。

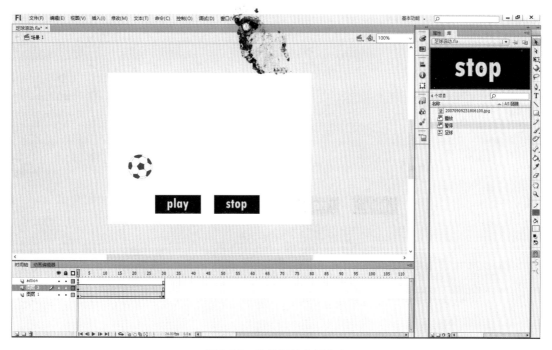

图5-16　将按钮放入舞台中

（10）点击播放按钮，在按钮名称选项中输入"bofang"，如图5-17所示。

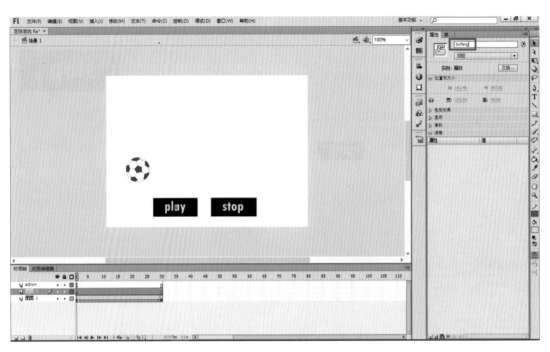

图 5-17　输入按钮名称

（11）点击暂停按钮，在按钮名称选项中输入"stop"，如图5-18所示。

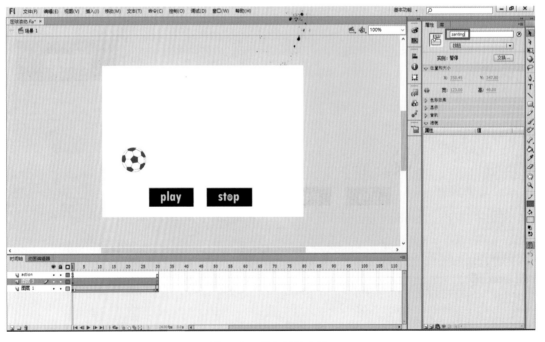

图 5-18　输入按钮名称

(12) 选择 action 层第 1 帧，点击【窗口】→【动作】，打开动作版面在脚本窗格中输入以下内容
(如图 5-19 所示)：

```
stop ();
//停止
bofang. addEventListener (MouseEvent. CLICK, data1);
//bofang 按钮加入鼠标监听器，当单机时触发 dada1 函数
function data1 (MouseEvent): void {
        //定义一个鼠标监听的有返回值的 dada1 函数
        play ()
        //函数内容为播放
}
zanting. addEventListener (MouseEvent. CLICK, data2);
//zanting 按钮加入鼠标监听器，当单机时触发 dada2 函数
function data2 (MouseEvent): void {
        //定义一个鼠标监听的有返回值的 dada2 函数
        stop ()
        //函数内容为停止
}
```

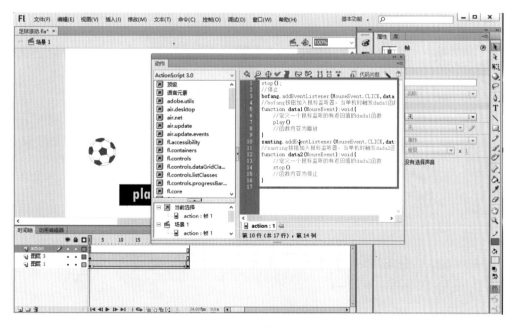

图 5-19　输入代码

(13) 使用 Ctrl+Enter 键播放 Flash 文件，在最终效果中点击【play】按钮时足球将出现滚动效果，点击【stop】按钮时足球停止滚动，如图 5-20 所示。

点击此按键播放动画　　点击此按键暂停动画

图 5-20　最终效果

3. 通过按钮控制转场

(1) 再次打开足球滚动效果，点击【插入】→【场景】，新建一个动画场景，如图 5-21 所示。

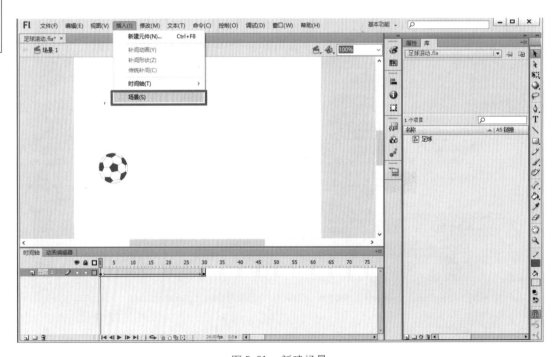

图 5-21　新建场景

（2）在新场景中使用文本工具，在属性版面中选择楷体，字号为63，颜色为红色，并使用选择工具将字体放置于舞台中心，如图5-22所示。

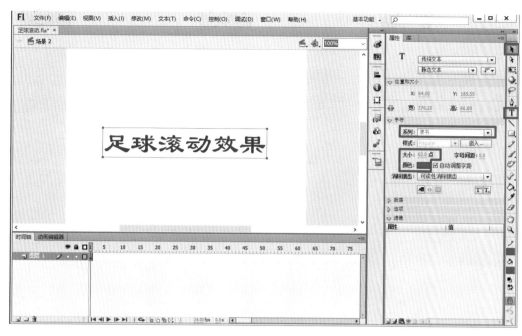

图5-22　输入文本文字

（3）点击【插入】→【创建新元件】，在创建新元件面板中将名称设置为"下一个场景"，类型为"按钮"，如图5-23所示。

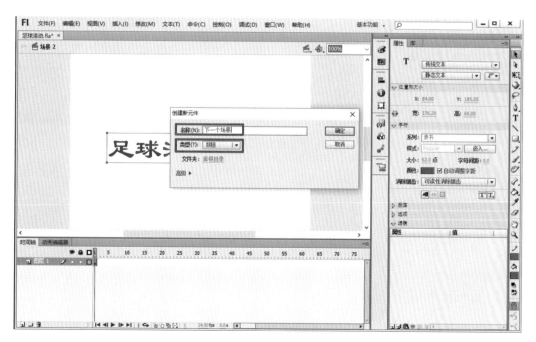

图5-23　创建新元件

（4）使用椭圆工具和文本工具将文本字体设置为楷体、字体大小为18，颜色为红色，制作按钮元件的第1、2、3帧如图所示，如图 5-24 所示。

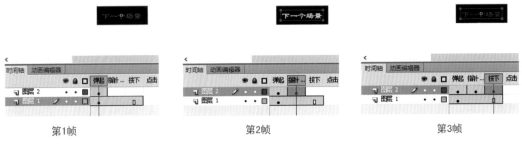

第1帧　　　　　　　　　　　　　　第2帧　　　　　　　　　　　　　　第3帧

图 5-24　绘制按钮

（5）点击场景 2，返回场景 2 舞台，如图 5-25 所示。

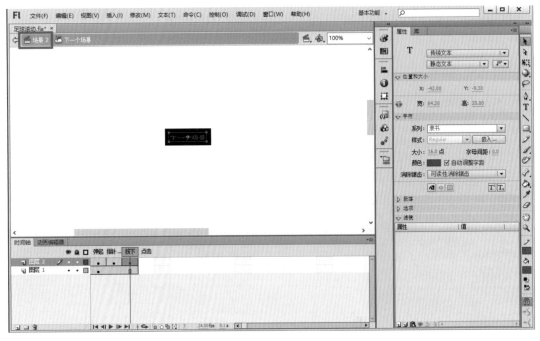

图 5-25　返回场景 2 舞台

Flash 制作与基础

(6) 在库选项卡中右键点击下一个场景元件，在弹出菜单中选择"直接复制"命令，如图 5-26 所示。

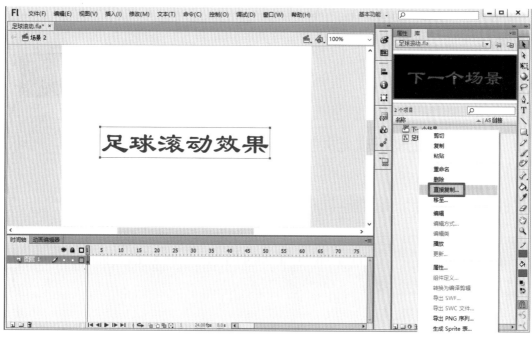

图 5-26　复制元件

(7) 将直接复制元件版面中的名称设置为"上一个场景"，如图 5-27 所示。

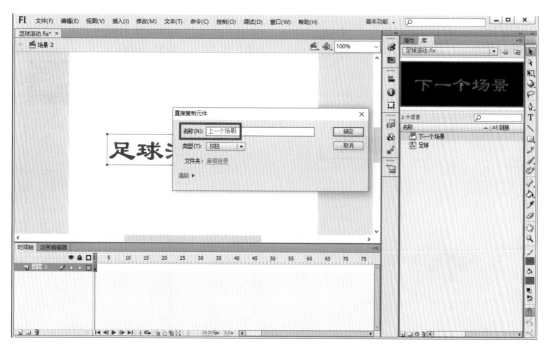

图 5-27　修改复制的元件名

(8) 双击【上一个场景】按钮元件，进入到上一个场景中，如图 5-28 所示。

图 5-28　进入元件

(9) 将上面的"下一个场景"变成"上一个场景"，如图 5-29 所示。

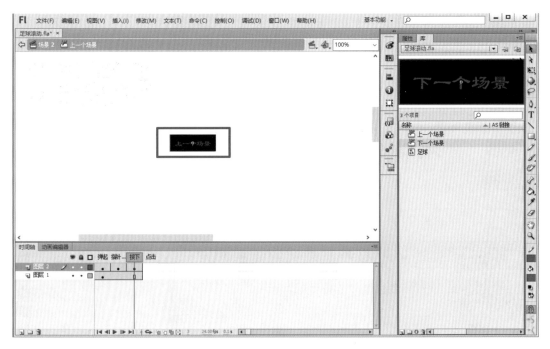

图 5-29　修改元件

（10）点击场景2，返回场景2舞台，如图5-30所示。

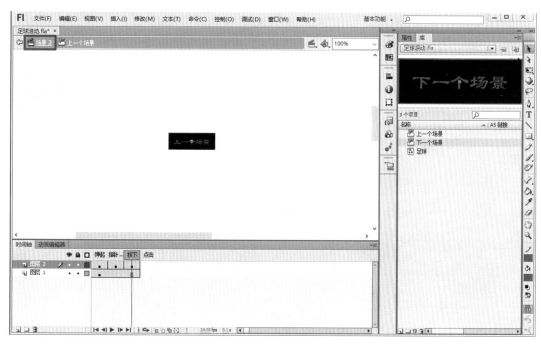

图 5-30　返回场景 2

（11）将上一个场景按钮元件拖动到舞台中，如图5-31所示。

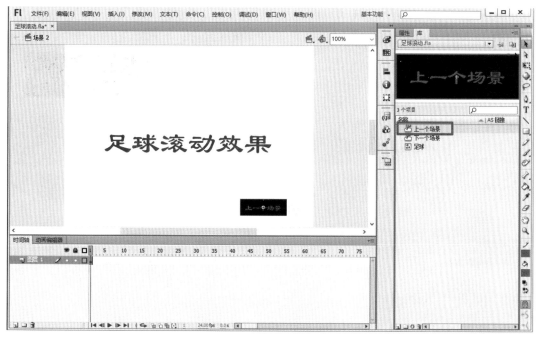

图 5-31　将按钮放入舞台中

（12）将图层1中第70帧处右键单击，在弹出菜单中选择【插入帧】，如图5-32所示。

图5-32　插入帧

（13）点击【编辑场景】按钮，选择场景1，跳转到场景1，如图5-33所示。

图5-33　返回场景1

（14）将库版面中的下一个场景按钮元件拖动到舞台上，如图 5-34 所示。

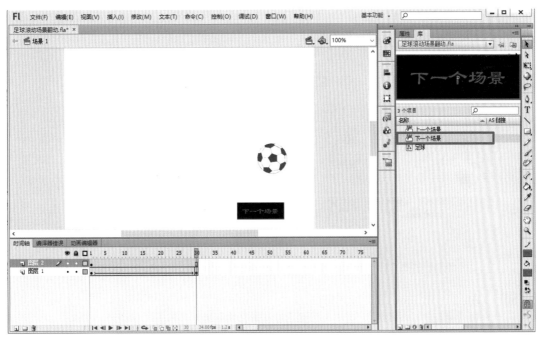

图 5-34　将按钮放入舞台中

（15）点击【下一个场景】按钮，将元件名称设置为"xiayigechangjing"，如图 5-35 所示。

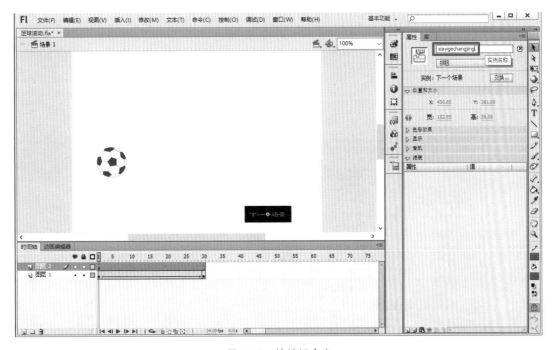

图 5-35　给按钮命名

(16) 在时间轴版面 action 图层第 25 帧处右键单击，在弹出菜单中选择【插入关键帧】命令，插入关键帧，如图 5-36 所示。

图 5-36　插入关键帧

(17) 点击【窗口】→【动作】，打开动作版面在脚本窗格中输入（如图 5-37 所示）:

```
stop();
xiayigechangjing. addEventListener (MouseEvent. CLICK, data1);
//xiayigechangjing 按钮加入鼠标监听器，当单机时触发 dada1 函数
function data1 (MouseEvent): void {
        //定义一个鼠标监听的有返回值的 dada1 函数
        nextScene();
        //函数内容为播放
}
```

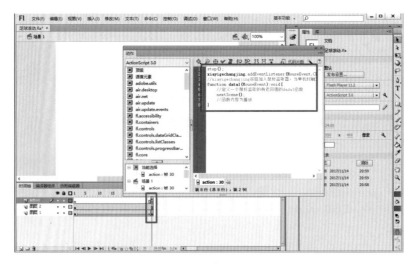

图 5-37　输入代码

（18）点击【编辑场景】选择"场景2"，进入场景2，如图5-38所示。

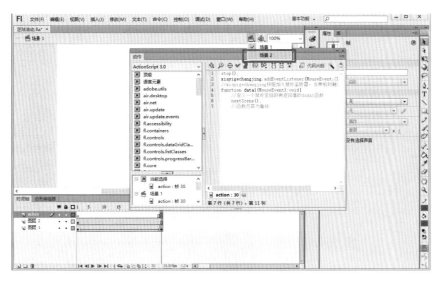

图 5-38　进入场景 2

（19）点击场景 2 中的【上一个场景】按钮元件，将元件名称设置为"shangyigechangjing"，如图 5-39 所示。

图 5-39　给按钮命名

（20）新建一个图层，选择新建图层的第 1 帧，点击【窗口】→【动作】，打开动作版面，在脚本窗格中输入（如图 5-40 所示）：

stop();

//停止

shangyigechangjing. addEventListener (MouseEvent. CLICK, data2);

```
//shangyigechangjing 按钮加入鼠标监听器，当单机时触发 dada2 函数
function data2 (MouseEvent): void {
        //定义一个鼠标监听的有返回值的 dada2 函数
        prevScene();
        //函数内容为播放
}
```

图 5-40　输入代码

(21) 使用 Ctrl+Enter 键播放 Flash 文件，在最终效果中点击【下一个图层】按钮时将出现场景 2 中 "足球滚动效果" 字样，如图 5-41 所示。在点击场景 2 中【上一个场景】按钮时将返回场景 1 足球滚动效果画面。如图 5-42 所示。

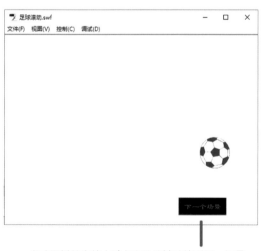

当动画播放完停止时点击此按键跳转到下一场景

图 5-41　场景 1【上一个场景】按钮

当动画播放完停止时点击此按键返回到上一场景

图 5-42　场景 2【下一个场景】按钮

第三节　常用命令

Flash 提供了许多语句来控制动画时间轴的播放进程，常用的有 Play、Stop、gotoAndStop、Prev-Frame、Frame 语句。

1. Play——播放影片语句

Play 语句的作用是使停止播放的动画文件继续播放。此语句通常用于控制影片剪辑，它可以直接添加到影片剪辑元件或帧中，对指定的影片剪辑元件和动画进行控制。

2. Stop——停止语句

3. gotoAndPlay——跳转并播放语句

gotoAndPlay 通常添加在帧或按钮元件上，其作用是当播放到某帧或单击某按钮时，跳转到指定场景的指定帧上，并从该帧开始播放。如果未指定场景，则跳转到当前场景的指定帧上。

4. gotoAndStop——跳转并停止语句

gotoAndStop 通常添加在帧或按钮元件上，其作用是当播放到某帧或单击某按钮时，跳转到指定场景的指定帧上，并停止播放。

5. for 语句

通过 for 语句创建的循环，可在其中预先定义好决定循环次数的变量。

6. if 语句

if 条件语句主要应用于一些需要对条件进行判定的场合，其作用是当 if 中的条件成立时，执行其设定的语句，这样可以使用一定条件来控制动画的进行。

7. else 语句

else 语句用于配合 if 语句，主要用于实现对多个条件的判断。

第六章　骨骼运动和3D动画

第一节　创建骨骼动画

1. 骨骼运动原理

在 Flash CS6 软件中，运动学系统分为正向运动学和反向运动学两种。正向运动学指的是对于有层级关系的对象来说，父对象的动作将影响到子对象，而子对象的动作将不会对父对象造成任何影响。例如，当父对象移动时，子对象也会同时随着移动。而子对象移动时，父对象不会产生移动。由此可见，正向运动中的动作是向下传递的。

与正向运动学不同，反向运动学动作传递是双向的，当父对象进行位移、旋转或缩放时，其子对象会受到这些动作的影响，反之，子对象的动作也将影响到父对象。反向运动是通过一种连接各种物体的辅助工具来实现的运动，这种工具就是 IK 骨骼，也称为反向运动骨骼。使用 IK 骨骼制作的反向运动学动画，就是所谓的骨骼动画。

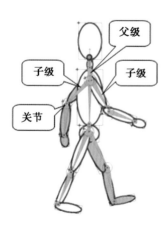

图6-1　骨骼示意图

创建骨骼动画一般有两种方式。一种方式是为实例添加与其他实例相连接的骨骼，使用关节连接这些骨骼。骨骼允许实例链一起运动。另一种方式是在形状对象（即各种矢量图形对象）的内部添加骨骼，通过骨骼来移动形状的各个部分以实现动画效果。这样操作的优势在于无需绘制运动中该形状的不同状态，也无需使用补间形状来创建动画，如图6-1 所示。

Flash CS6 创建骨骼动画的方法是：使用骨骼工具可以剪辑影片元件实例、图形元件实例或按钮元件实例添加 IK 骨骼。在工具箱中选择骨骼工具，在一个对象中单击，向另一个对象拖动鼠标，释放鼠标后就可以创建着两个对象间的连接。此时，两个元件实例间将显示出创建的骨骼。在创建骨骼时，第一个骨骼是父级骨骼，骨骼的头部为圆形端点，有一个圆圈围绕着头部。骨骼的尾部为尖形，有一个实心点，如图 6-2、图 6-3 所示。

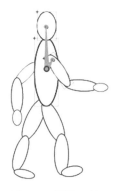

骨骼尾部 骨骼头部

图 6-2　骨骼工具 1　　　　　　　图 6-3　骨骼工具 2

在创建骨骼后，可以使用多种方法来对骨骼进行编辑。要对骨骼进行编辑，首先需要选择骨骼。在工具箱中选择【选择工具】，单击骨骼即可选择该骨骼，在默认情况下，骨骼显示的颜色与姿势图层的轮廓颜色相同，骨骼被选择后将显示该颜色的相反色，如图 6-4 所示。

如果需要快速选择相邻的骨骼，可以在选择骨骼后，在属性面板中单击相应的按钮来进行选择。如单击【父级】按钮将选择当前骨骼的父级骨骼，单击【子级】按钮将选择当前骨骼的子级骨骼，单击【下一个同级】按钮或【上一个同级】按钮可以选择同级的骨骼。如图 6-5 所示。

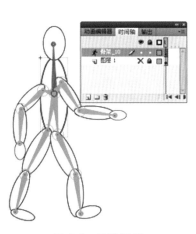

图 6-4　骨骼图层　　　　　　　　　图 6-5　骨骼属性面板

2.制作人物行走动画

骨骼动画分别应用于元件图形和形状。

（1）打开人物行走素材，如图6-6所示。

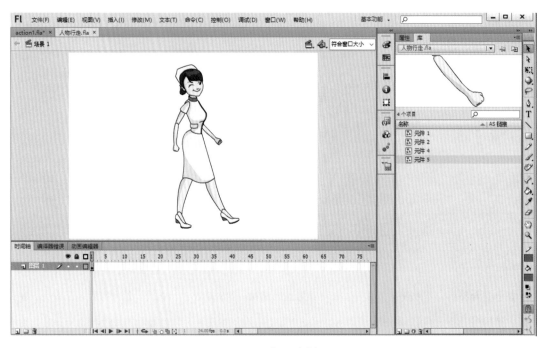

图6-6　打开素材

（2）分别画出人的四肢、身体和头部并进行群组，如图6-7所示。

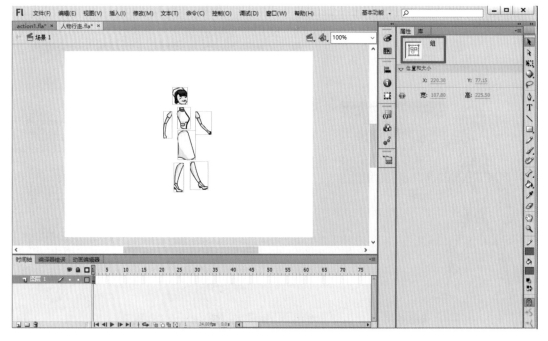

图6-7　观察分组效果

（3）分别将每一部分转换为影片剪辑元件，如图6-8所示。

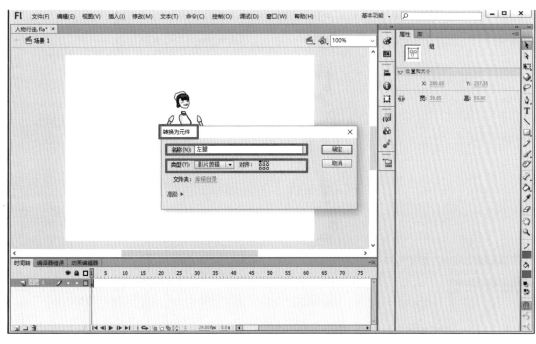

图6-8　转换为元件

（4）再次将角色拼合成初始状态，库选项卡中应当出现相对应的影片剪辑元件，如图6-9所示。

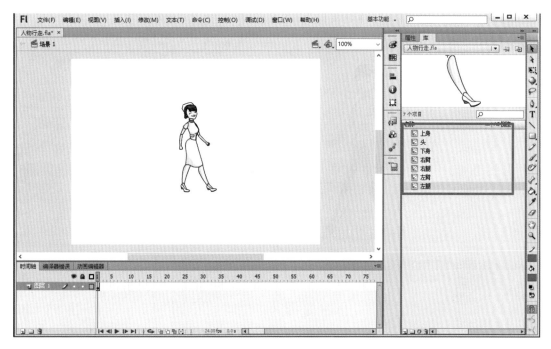

图6-9　重新拼和元件

（5）使用骨骼工具链接腰部到左脚部，如图6-10所示。

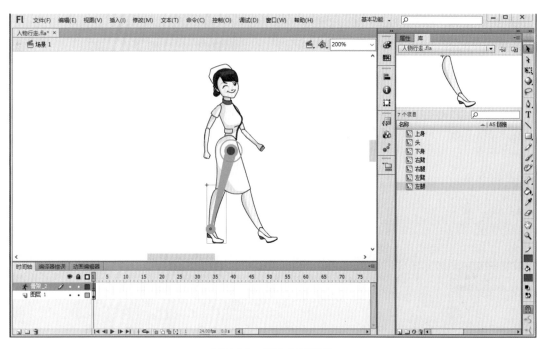

图6-10　设置左脚骨胳

（6）再使用骨骼工具链接腰部到右脚部，如图6-11所示。

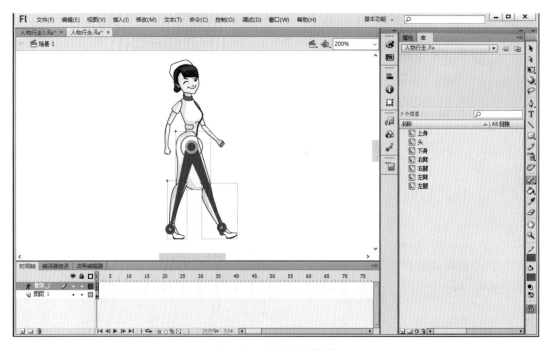

图6-11　设置右脚骨胳

（7）在右腿元件上单击右键，在弹出菜单中选择【下移一层】，将右腿元件放在下身元件下方，如图 6-12 所示。

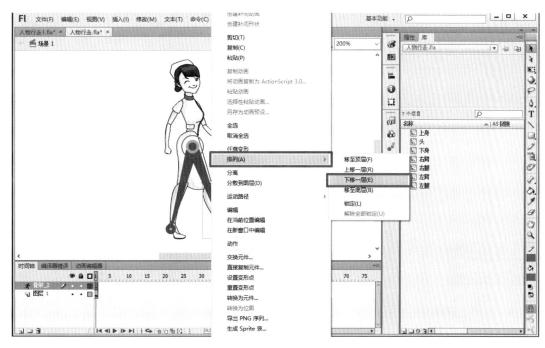

图 6-12　设置层级关系

（8）使用同样的方法将左腿元件放在下身元件下方，如图 6-13 所示。

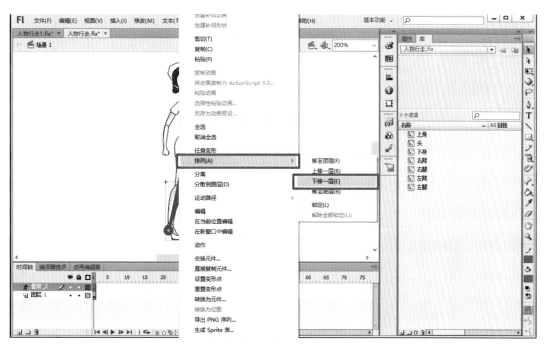

图 6-13　设置层级关系

（9）将骨架-2图层移动到图层1的下方，如图6-14所示。

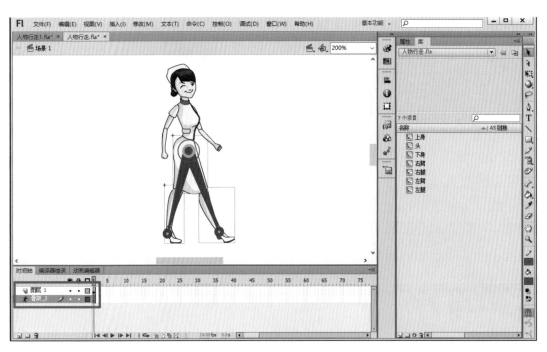

图6-14　移动图层

（10）在骨架-2图层的第12帧处点击鼠标右键，在弹出菜单中选择【插入姿势】，如图6-15所示。

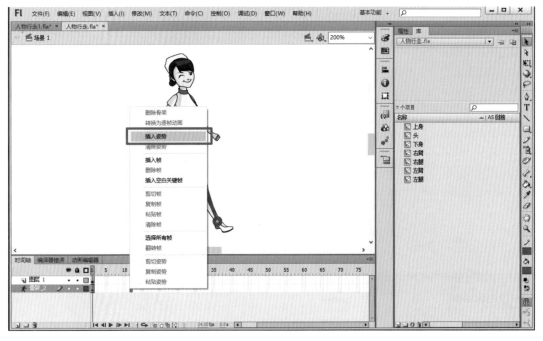

图6-15　插入姿势

（11）使用选择工具单击骨骼节点后将左腿向前拖动，如图6-16所示。

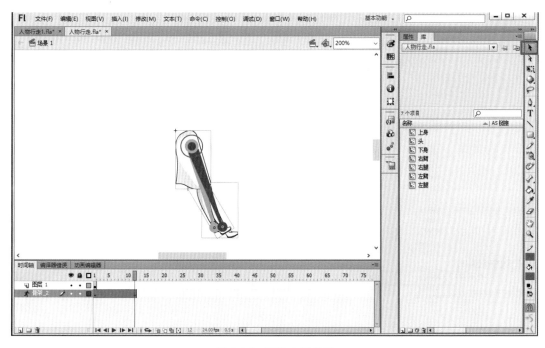

图6-16　移动左腿位置

（12）以同样的方法使用选择工具将右腿向后拖动，如图6-17所示。

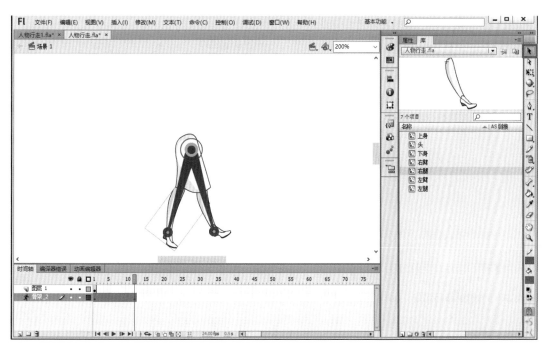

图6-17　移动右腿位置

（13）在骨架 -2 图层第 1 帧处单击鼠标右键，在弹出菜单中选择【复制姿势】，如图 6-18 所示。

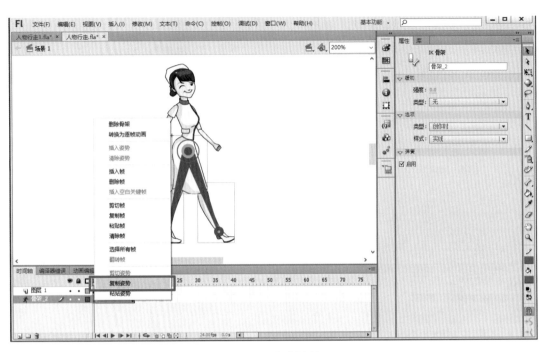

图 6-18　复制姿势

（14）在骨架 -2 图层第 24 帧处单击鼠标右键，在弹出菜单中选择【插入姿势】，如图 6-19 所示。

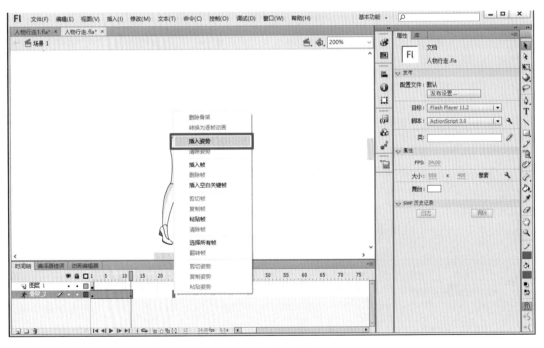

图 6-19　插入姿势

（15）再次在骨架－2 图层第 24 帧处单击鼠标右键，在弹出菜单中选择【粘贴姿势】，形成腿部行走运动的效果，如图 6-20 所示。

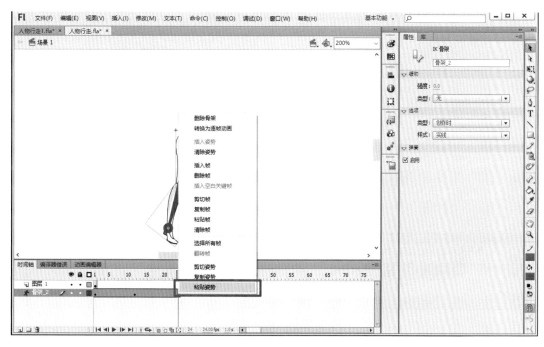

图 6-20　粘贴姿势

（16）在图层 1 的上方新建图层 3，如图 6-21 所示。

图 6-21　新建图层 3

（17）在图层1的右臂上单击鼠标右键，在弹出菜单中选择【剪切】，如图6-22所示。

图6-22　剪切右臂

（18）选择图层3的第1帧，在舞台中点击鼠标右键，选择【粘贴到当前位置】命令，将右臂原位粘贴到图层3中，如图6-23所示。

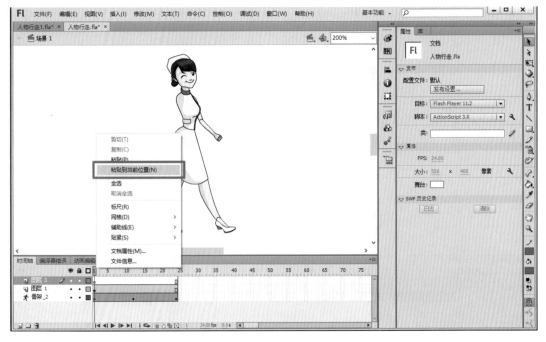

图6-23　在图层3中粘贴

（19）使用任意变形工具将图层 3 中右臂的中心点移至肩关节处，如图 6-24 所示。

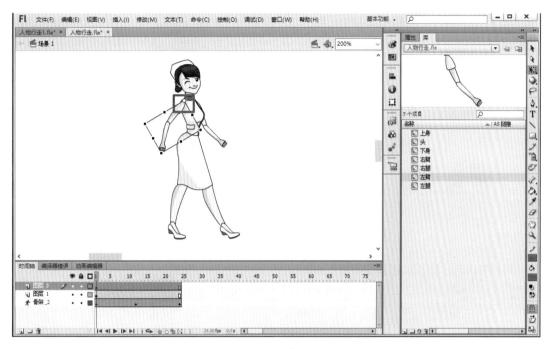

图 6-24　移动中心点

（20）在图层 1 的上方新建图层 4，如图 6-25 所示。

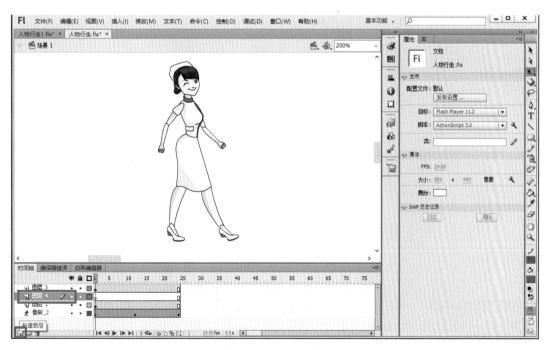

图 6-25　新建图层 4

（21）右键单击图层 1 的左臂，在弹出菜单中选择【剪切】，如图 6-26 所示。

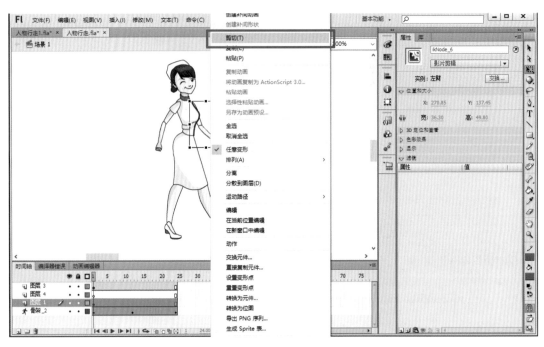

图 6-26 剪切左臂

（22）选择图层 4 的第 1 帧，在舞台中点击鼠标右键选择【粘贴到当前位置】命令，将右臂原位粘贴到图层 4 中，如图 6-27 所示。

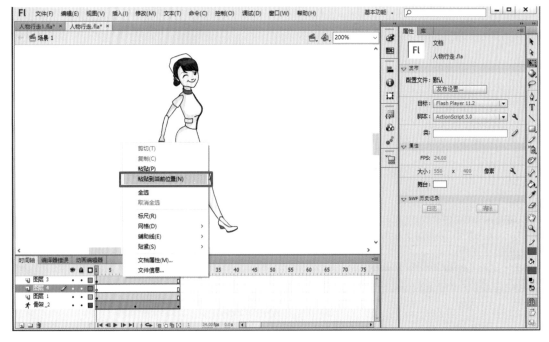

图 6-27 在图层 4 中粘贴

（23）将图层 4 拖动到图层 1 的下方，使身体遮挡住左臂，如图 6-28 所示。

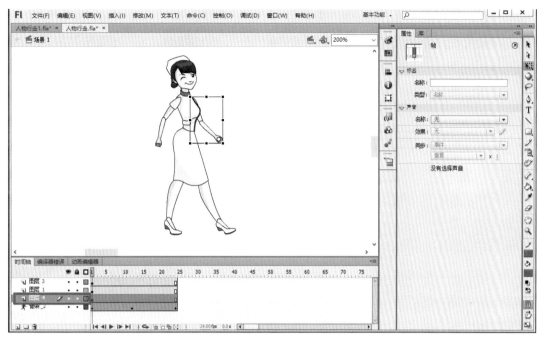

图 6-28　移动图层 4

（24）将图层以其内部的元素重新命名，使图层 3 更名为"右臂"，图层 1 更名为"上身和头"，图层 4 更名为"左臂"，如图 6-29 所示。

图 6-29　重命名图层

（25）选择左臂图层的第 12 帧，单击鼠标右键在弹出菜单中选择【插入关键帧】命令，如图 6-30 所示。

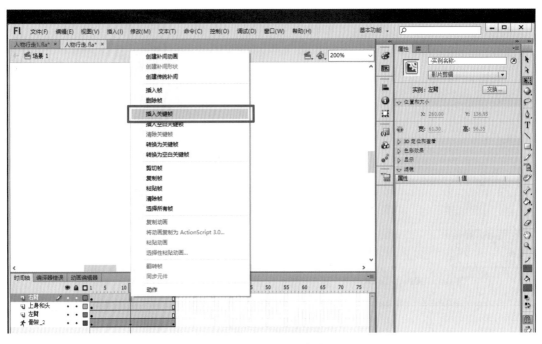

图 6-30　插入关键帧

（26）选择左臂图层的第 24 帧，单击鼠标右键在弹出菜单中选择【插入关键帧】命令，如图 6-31 所示。

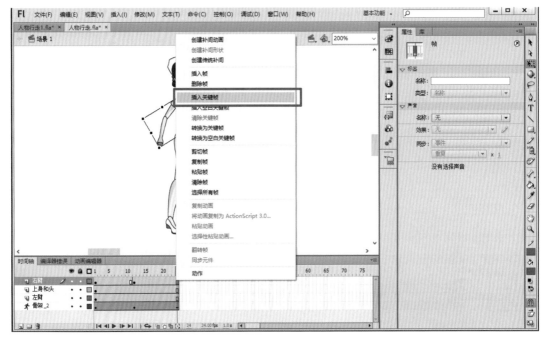

图 6-31　插入关键帧

（27）选择左臂图层的第12帧，使用任意变形工具将右臂以肩关节为中心旋转移动到前方，如图6-32所示。

图6-32　移动右臂

（28）选择左臂图层12帧前的任意一帧点击鼠标右键，在弹出菜单中选择【创建传统补间】命令，创建补间动画，如图6-33所示。

图6-33　创建传统补间

（29）选择左臂图层12帧以后14帧以前的任意一帧点击鼠标右键，在弹出菜单中选择【创建传统补间】命令，创建补间动画，如图6-34所示。

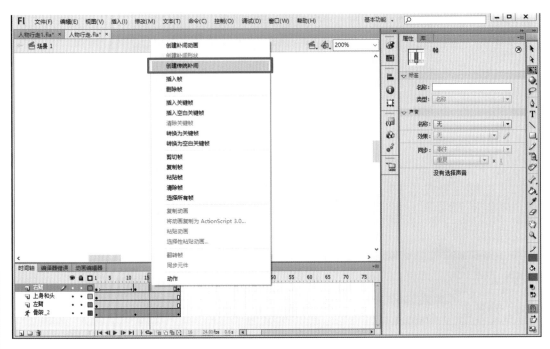

图6-34　创建传统补间

（30）选择右臂图层，使用任意变形工具将左臂的中心点移动到肩关节处，如图6-35所示。

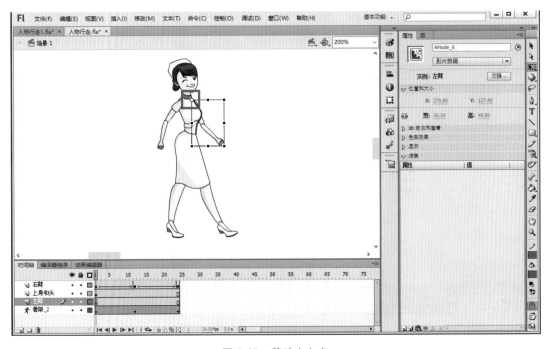

图6-35　移动中心点

（31）以与右臂同样的方法制作补间动画，使左臂产生摆动效果，如图6-36所示。

图6-36　制作左臂动画

（32）将左臂图层移动到骨架−2图层下方，使下身遮挡住右臂，如图6-37所示。

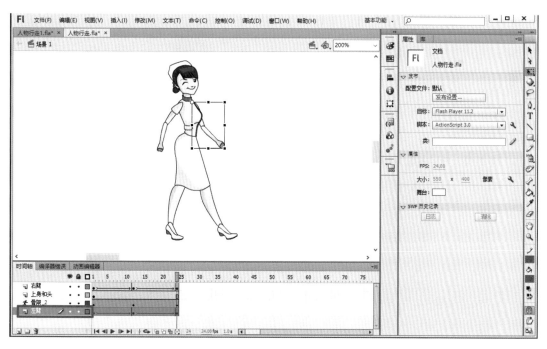

图6-37　移动左臂图层

（33）使用键盘 Ctrl＋Enter 命令观看行走动画最终的运动效果，如图 6-38 所示。

图 6-38　最终动画效果

第二节　创建 3D 动画

1. 3D 转换动画的概念

3D 转换动画体现了从二维空间逐渐向三维空间探索的趋势，运用此功能可以在二维空间的基础上，模拟三维空间的实例旋转、移动效果，常用于类似相册翻页、空间旋转等案例中。

2. 3D 旋转动画的转换实例——翻书效果

（1）影片剪辑元件→用 3D 旋转工具摆放这 3 个实例的空间位置→模拟空间中一本书翻开的效果。

点击 Flash CS6，在页面中创建一个 ActionScript3.0 文件，如图 6-39 所示。

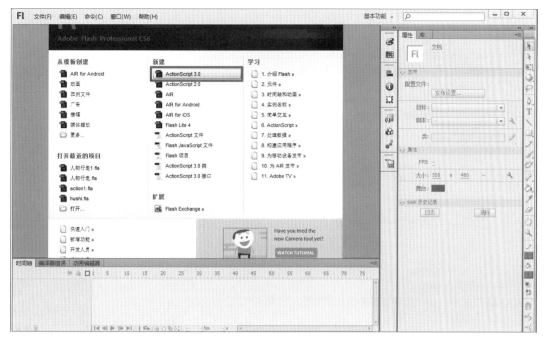

图 6-39　新建文件

（2）在新建文件中选择【文件】→【导入】→【导入到库】命令，如图 6-40 所示。

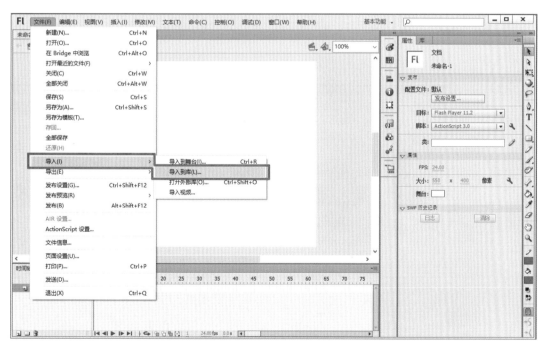

图 6-40　【导入到库】命令

（3）在素材文件中选择"图片 18．jpg"—"图片 21．jpg"四张图片导入到库，如图 6-41 所示。

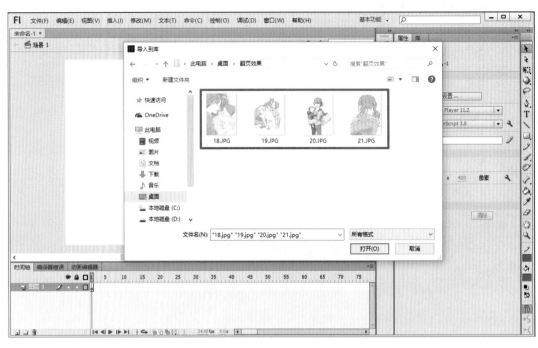

图 6-41　导入图片

（4）查看库版面中有如图四张图片，并将库中的"图片 18.jpg"使用移动工具拖动到舞台中，如图
6-42 所示。

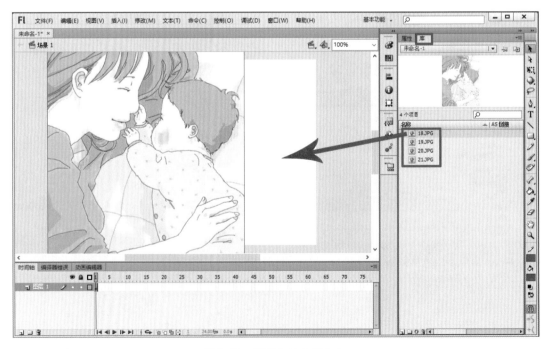

图 6-42　将图片放入舞台中

（5）打开属性面板，设置"图片18.jpg"的位置坐标位置和宽高属性，如图6-43所示。

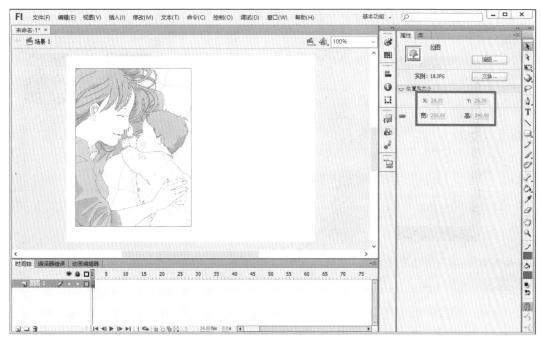

图6-43　设置图片的坐标和宽高

（6）点击工作区中的空白处，在属性面板中将舞台的背景颜色设置为黑色，如图6-44所示。

图6-44　设置舞台背景颜色

（7）新建图层2，并将库版面中的"图片19.jpg"图片拖动到舞台中，如图6-45所示。

图6-45　将图片放入图层2中

（8）打开属性面板，设置"图片19.jpg"图片的坐标和宽高属性，如图6-46所示。

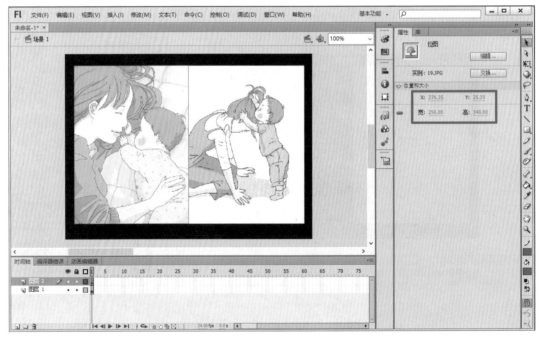

图6-46　设置图片的坐标和宽高

（9）点击"图片 19.jpg"选择菜单栏中的【修改】→【转换为元件】命令，将"图片 19.jpg"转换为元件如图 6-47 所示。

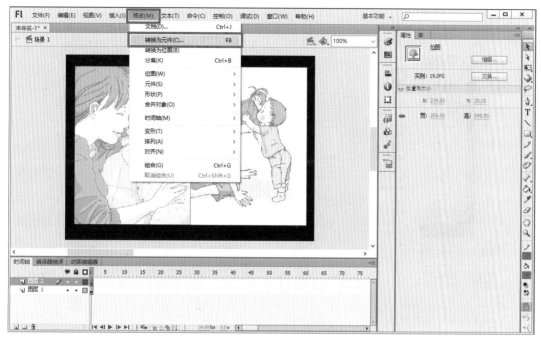

图 6-47　【转换为元件】命令

（10）在弹出对话框中将名称设置为"第 19 页"，类型设置为"影片剪辑"，如图 6-48 所示。

图 6-48　设置元件属性

（11）选择图层2的第一帧点击鼠标右键，在弹出菜单中选择【创建补间动画】命令，创建补间动画，如图6-49所示。

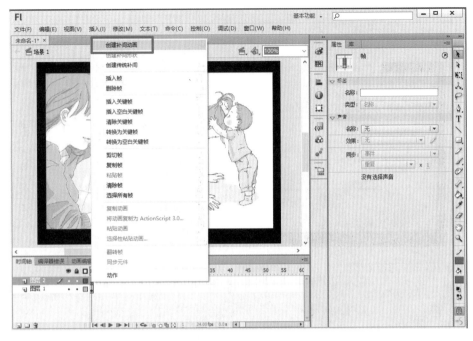

图6-49　创建补间动画

（12）使用3D平移工具点击红色x坐标箭头，将图片移动到3D平移工具中心点，使中心点处于"第19页"元件的最左边边界上，如图6-50所示。

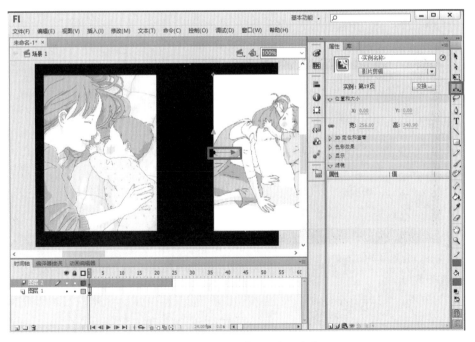

图6-50　设置3D平移工具中心点位置

（13）松开鼠标，再次点击 3D 平移工具的红色 x 轴坐标，向左拖动将元件"第 19 页"的左边界与图层 1 中"图片 19.jpg"的最右边界对齐，如图 6-51 所示。

图 6-51　使用 3D 平移工具移动元件

（14）在图层 2 的第 24 帧处单击鼠标右键，在弹出菜单中选择【插入关键帧】→【旋转】命令，如图 6-52 所示。

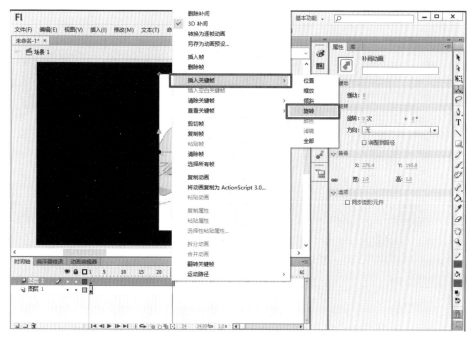

图 6-52　插入关键帧

（15）使用3D旋转工具选择绿色y轴向左下方转动90度，得到书页树立的效果，如图5-53所示。

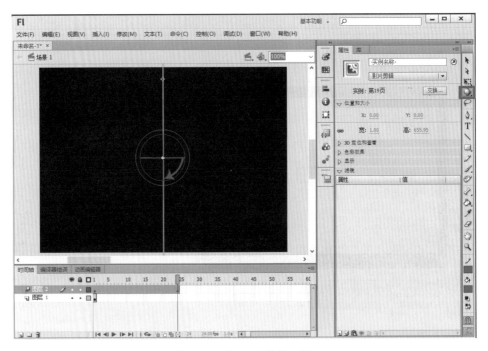

图6-53　使用3D旋转工具

（16）新建图层3在第24帧处插入关键帧，并使用选择工具将"20.jpg"拖动到舞台中，如图6-54所示。

图6-54　将图片放置在24帧处

（17）打开属性面板，设置"图片20.jpg"的位置坐标和宽高属性，如图6-55所示。

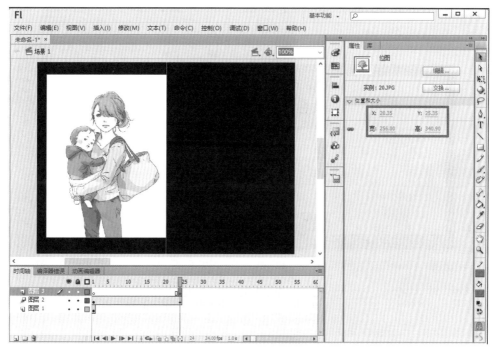

图6-55　设置图片的坐标和宽高

（18）点击"图片20.jpg"选择菜单栏中的【修改】→【转换为元件】命令，如图6-56所示。

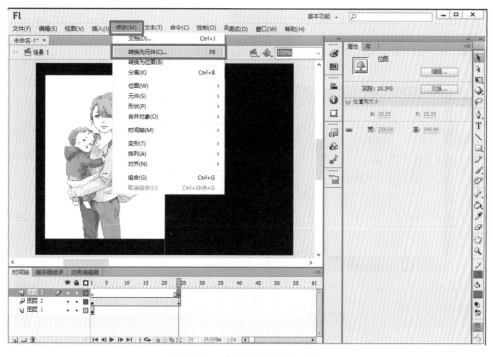

图6-56　【转换为元件】命令

（19）在弹出对话框中将名称设置为"第20页"，类型设置为"影片剪辑"，如图6-57所示。

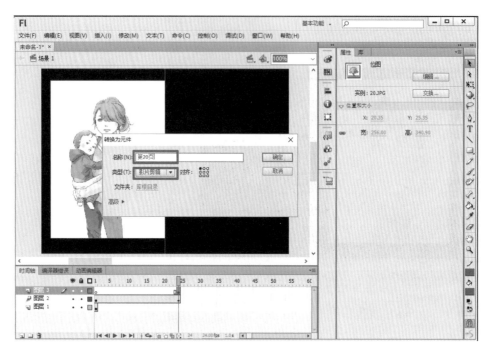

图6-57　设置元件属性

（20）使用3D旋转工具，点击3D旋转工具的中心点，将中心点的位置拖动到元件"第20页"的最右边边界上，如图6-58所示。

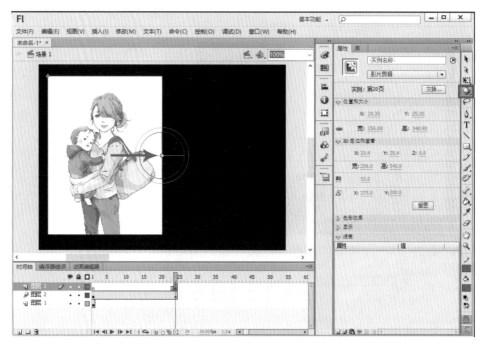

图6-58　使用3D旋转工具移动中心点

（21）在图层 3 第 24 帧处创建补间动画，如图 6-59 所示。

图 6-59　创建补间动画

（22）使用 3D 旋转工具选择绿色 Y 轴向左上转动 90 度，得到书页树立的效果，如图 6-60 所示。

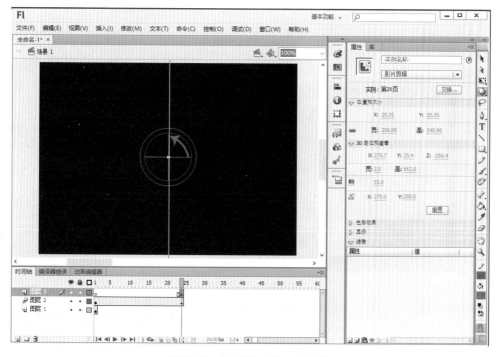

图 6-60　使用 3D 旋转工具旋转

（23）在图层3的第48帧处右键单击，在弹出菜单中选择【插入关键帧】→【旋转】命令，如图6-61所示。

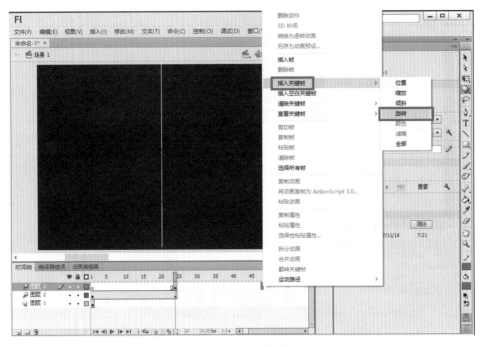

图 6-61　插入关键帧

（24）使用3D旋转工具选择绿色Y轴向左下方转动90度，得到书页放平的效果，如图6-62所示。

图 6-62　使用3D旋转工具旋转

Flash 制作与基础

（25）在图层 1 的第 48 帧处右键单击，在弹出菜单中选择【插入帧】命令，如图 6-63 所示。

图 6-63　插入帧

（26）新建图层 4，图层 4 位于图层 1 的上方，如图 6-64 所示。

图 6-64　新建图层

（27）使用移动工具将库版面中的"图片 21.jpg"拖动到场景中，如图 6-65 所示。

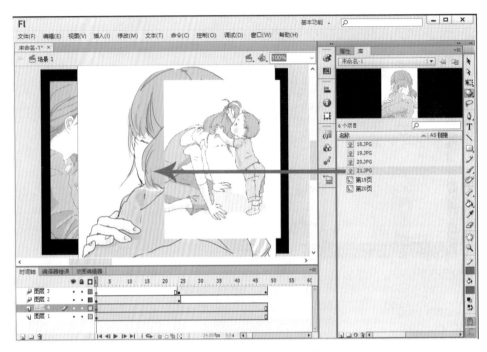

图 6-65 将图片拖入图层 4 中

（28）将图层 2 设置为不可见，并设置图层 4 中的"图片 21.jpg"的位置属性和宽高属性，如图 6-66 所示。

图 6-66 设置图片的位置和宽高

（29）使用键盘 Ctrl＋Enter 命令观看运动效果，如图 6-67 所示。

图 6-67　最终动画效果

（30）使用键盘 Ctrl＋S 命令保存文件，文件名为"翻书效果"，如图 6-68 所示。

图 6-68　保存文档

第七章　声音和视频素材编辑

第一节　在动画中添加声音

　　Flash CS6（音乐视频）动画中最关键的就是声音的表现，首先在于音乐的选择，其次在于声音在 Flash 动画播放中如何达到最好的效果。

　　在 Flash 中有两种类型的音频：事件音频（Event）和流式音频（Stream）。事件音频常用于交互式按钮上，只有在完全载入后才能播放，并且直到有明确的停止命令才会停止播放。流式音频适合于影片的时间播放中应用，大致分为背景音、效果音，以及背景循环音。本章重点对流式音频（Stream）进行讲解。

1. 导入声音

　　选择菜单栏文件选项中【导入】→【导入到库】命令，将音频文件导入到【库】中。Flash 一般接受 AIFF、WAV、MP3 格式的音频文件，就像导入其他图形文件一样，Flash 将音频与位图和元件一起存放在元件库中，如图 7-1、图 7-2 所示。

图 7-1　声音导入到库

图 7-2　库中显示已
导入的音频文件

2．添加声音

影片中添加声音首先需要在时间轴上新建一个新图层，用来放置声音文件。选择需要加入声音的关键帧，将库中声音文件拖入到场景中。在同一层中可以插入多种声音，也可以将声音放入含有其他对象的图层中，如图 7-3 所示。

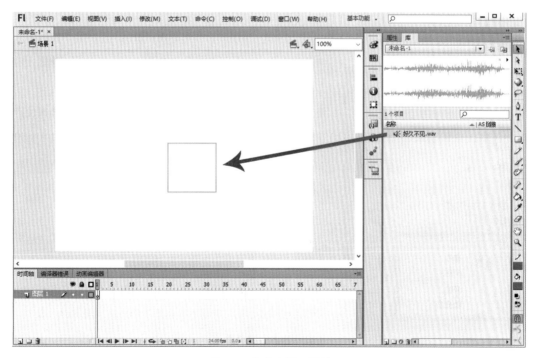

图 7-3　将声音导入到帧

3. 声音属性的设置

在时间轴上应用的声音文件可以在属性面板上进行设置，以更好地发挥声音的效果，如图7-4所示。编辑声音属性，主要包括几个选项设置，如图7-5所示。

图 7-4　声音属性面板

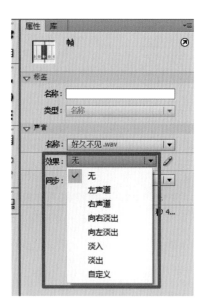

图 7-5　声音效果选项

（1）效果选项

① 无：不对声音文件应用效果，选择此选项将删除以前所应用的效果；② 左声道/右声道：播放声音时控制左声道或右声道的播放；③ 向右淡出/向左淡出：播放声音时可以将声音从一个声道切换到另一个声道；④ 淡入：可以在声音的持续时间内逐渐增加音量；⑤淡出：可以在声音的持续时间内逐渐减小音量；⑥ 自定义：可以使用编辑封套创建声音的淡入和淡出点，添加声音，要想使声音在场景中与事件同步，应在时间轴面板上选择与场景动画开始相一致的关键帧作为声音开始的关键帧，单击属性面板中的同步下拉列表，如图7-5所示。

图 7-6　同步选项

（2）同步选项

① 事件：为事件触发的播放方式；② 开始：与事件触发方式相似，但不同的是，在播放被触发的声音文件前会先确定当前有哪些声音文件正在播放，如果发现被触发的声音文件的另一个实例正在播放，则会忽略本次请求不播放该声音文件；③ 停止：将选择的声音文件静音；④ 数据流：流媒体播放方式，如图7-6所示。

4. 查看声音文件属性

单击库中的音频文件，右键选择【属性】（图7-7），会弹出声音属性面板（图7-8）。

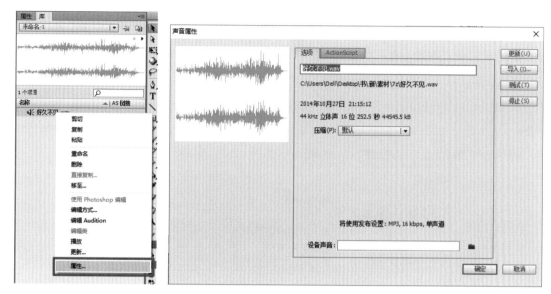

图 7-7 点选属性   图 7-8 声音属性面板

在声音属性中可以进行声音名字和声音路径的更改，便于我们查找其位置，以及创建的时间和声音的模式。

（1）压缩声音

当导入 Flash 文件时，要考虑 Flash 动画的大小，特别是带有声音的 Flash 动画。可以通过声音压缩来减小文件大小。将声音文件导入 Flash 中，双击组件库中的声音文件，弹出声音属性面板，会出现压缩下拉列表，如图7-9 所示。

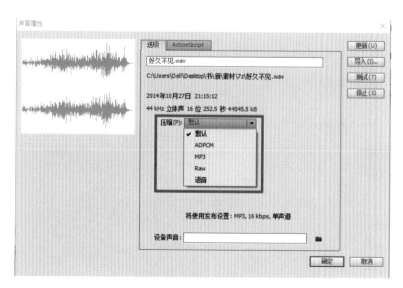

图 7-9 压缩下拉列表

① ADPCM

ADPCM 选项用于 8 位或 16 位声音数据的压缩设置，如点击音这样的短事件声音，一般选用 ADPCM 压缩，如图 5-10 所示。具体步骤如下：a. 预处理：勾选【将立体声转换为单声道】，将混合立体声转换为单音（非立体声）。b. 采样率：用于控制文件的饱真度和文件大小。较低的采样率可减小文件，但也会降低声音品质。Flash 不能提高导入声音的采样率。如果导入音频的采样率为 11kHz，即使将它设置为 22kHz，也只有 11kHz 的输出效果。采样率选项中各项参数说明如下：a. 5kHz 的采样率仅能达到人们讲话的声音质量。b. 11 kHz 的采样率是播放小段声音的最低标准，是 CD 音质的四分之一。c. 22 kHz 采样率的声音可以达到 CD 音质的一半，目前大多数网站都选用这样的采样率。d. 44 kHz 的采样率是标准的 CD 音质，可以达到很好的听觉效果，如图 7-10 所示。

图 7-10　ADPCM 采样率下拉列表

② MP3

通过 MP3 选项可以用 MP3 格式输出声音。当导出乐曲等较长的音频流时，建议选用 MP3 选项，如图 7-11 所示。

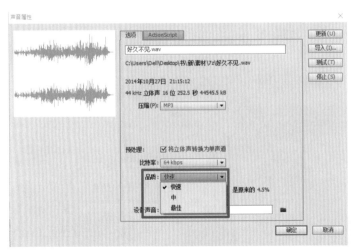

图 7-11　MP3 品质列表

a. 比特率：用于决定导出的声音文件每秒播放的位数。Flash 支持 8Kb/s 到 160Kb/s CBR（恒定比特率）。当导出声音时，需要将比特率设为 16Kb/s 或更高，以获得最佳效果。

b. 品质：用于确定压缩速度和声音质量。下拉菜单具体内容如下：

快速：可以加快压缩速度，但是声音质量也会降低。

中：可以获得稍微慢一些的压缩速度和高一些的声音质量。

最佳：可以获得最慢的压缩速度和最高的声音质量。

③ 语音（Speech）

语音选项使用一个特别适用于语音的压缩方式导出声音，如图 7-12 所示。笔者建议语音使用 11 kHz 的采样率。

图 7-12　语音

5．编辑声音

（1）在声音文件信息面板中提供了编辑声音封套功能，可以根据需要编辑声音，单击面板中的【编辑】按扭，弹出编辑封套版面，如图 7-13、图 7-14 所示。

图 7-13　编辑声音封套

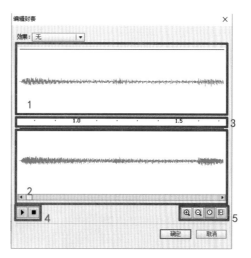

图 7-14　编辑封套版面

（2）在左右声道中，都有相同的封套线和控制柄，单击封套线可以添加控制柄（最多能设置8个控制柄），使用鼠标可以自由拖动控制柄调整声音音量，如图7-15所示。

（3）在该区域可以显示声音的时间或动画的帧数，类似于工作区中的时间轴，在声音的开始可以调整开始点，在声音的结尾处有结束点，用鼠标可以拖动【开始点】和【结束点】，对声音的首位进行编辑，如图7-16所示。

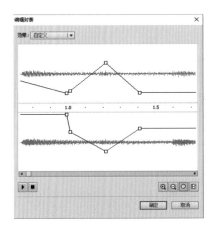

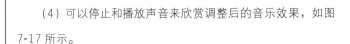

图 7-15　封套线和控制手柄

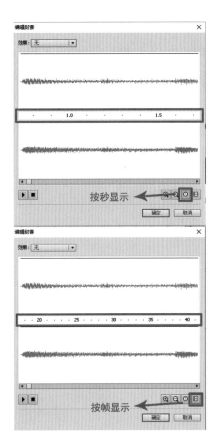

图 7-16　时间显示和帧数显示

（4）可以停止和播放声音来欣赏调整后的音乐效果，如图7-17所示。

（5）显示设置区域里的4个按扭分别是放大按扭、缩小按扭、显示秒按扭和显示帧按扭。

放大/缩小按扭：放大或者缩小显示区域，便于调整声音的细节。

显示秒按扭：在时间显示区域是以秒为单位显示。

显示帧按扭：在时间显示区域是以帧为单位显示，如图7-18所示。

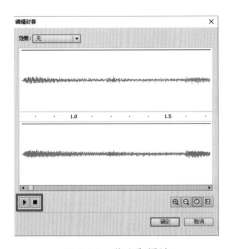

图 7-17　停止和播放

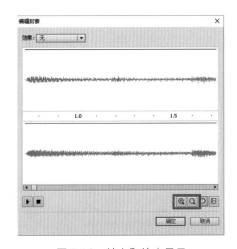

图 7-18　放大和缩小显示

第二节　导入和编辑视频

1. Flash 所支持的视频类型

在 Flash 中，它所支持的视频类型有以下几种：QuickTime（.mov）、Windows（.avi）、MPGE（.mpg，.mpeg）、数字视频（.dv,.dvi）、Windows Media（.asf,.wmv）、Adobe Flash（.flv）、用于移动设备的 3GPP/3GPP2（.3gp、.3gpp、.3gp2、.3gpp2）等。.mov 即 QuickTime 影片格式，它是 Apple 公司开发的一种音频、视频文件格式，用于存储常用数字媒体类型。当选择 QuickTime（.mov）作为保存类型时，动画将保存为.mov 文件。.avi格式英文全称为 Audio Video Interleaved，即音频视频交错格式，是将语音和影像同步组合在一起的文件格式。它对视频文件采用了一种有损压缩方式，但压缩比较高，因此尽管画面质量不是太好，但其应用范围仍然非常广泛。.avi 格式支持 256 色和 RLE 压缩。AVI 信息主要应用于多媒体光盘上，用来保存电视、电影等各种影像信息。mpg 又称 mpeg（Moving Pictures Experts Group，动态图像专家组），由国际标准化组织 ISO（International Standards Organization）与 IEC（International Electronic Committee）于 1988 年联合成立，专门致力于运动图像（MPEG 视频）及其伴音编码（MPEG 音频）标准化工作。.dv 格式的英文全称是 Digital Video Format，是由索尼、松下、JVC 等多家厂商联合提出的一种家用数字视频格式。目前非常流行的数码摄像机就是使用这种格式记录视频数据的。它可以通过计算机的 IEEE 1394 端口传输视频数据到电脑，也可以将计算机中编辑好的视频数据回录到数码摄像机中。这种视频格式的文件扩展名一般是.avi,所以也叫 DV-AVI 格式。.wmv 格式是微软推出的一种流媒体格式，它是由出身"同门"的 ASF（Advanced Stream Format）格式升级延伸得来。在同等视频质量下,.wmv 格式的体积非常小，因此很适合在网上播放和传输。.avi 文件将视频和音频封装在一个文件里，并且允许音频同步于视频播放。与 DVD 视频格式类似，avi 文件支持多视频流和音频流。flv 是 Flash Video 的简称,.flv 流媒体格式是随着 Flash MX 的推出而发展的视频格式。由于它形成的文件极小、加载速度极快，这使得网络观看视频文件成为可能，它的出现有效地解决了视频文件导入 Flash 后，因导出的 swf 文件体积庞大而不能在网络上很好地使用等缺点。3gpp 是一种电影格式，是一种 3G 流媒体的视频编码格式，主要是为了配合 3G 网络的高速传输而开发的，也是目前手机中最为常见的一种视频格式。

执行【文件】→【导入】操作，然后选择所要的视频文件，直接导入进场景就可以了，导入的时候选择【在您的计算机上】，以数据流的方式导入就可以了。成功以后会生成一个 flv 文件，应确保 Flash 文件和相关联的 flv 文件在同一目录下，只有这样才能正常播放。如果不想生成 flv 文件，就选择【在 Flash 中镶入视频并在时间轴上播放】，声音可以选择集成在视频上或者单独播放。

2. 导入视频

（1）新建一个 Flash 文档，选择【文件】→【导入】→【导入视频】命令，弹出导入视频对话框，如图 7-19 所示。

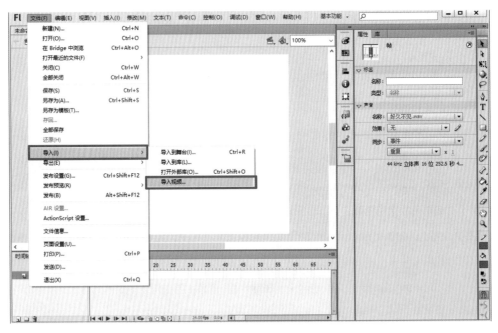

图 7-19　导入视频

（2）在该对话框中单击浏览按钮即弹出对话框。选择本地电脑中的视频文件，单击打开按钮，如图 7-20 所示。

图 7-20　选择视频文件

(3) 选择【在 SWF 中嵌入 FLV 并在时间轴中播放】，单击下一个按钮，如图 7-21 所示。

图 7-21　在 SWF 中嵌入 FLV 并在时间轴中播放

(4) 在符号类型中选择【影片剪辑】，单击下一个按钮，弹出"嵌入"对话框，如图 7-22 所示。

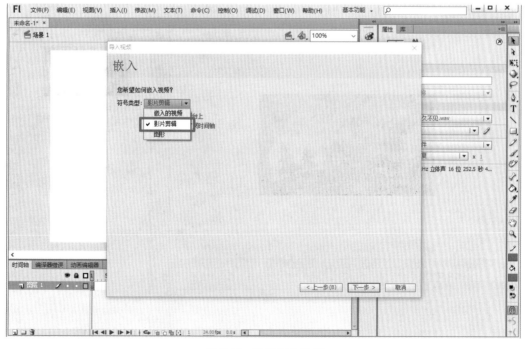

图 7-22　选择影片剪辑

(5) 单击【下一个】按钮，弹出完成视频导入，如图7-23所示。

图7-23　点击完成

(6) 最终效果如图7-24所示。

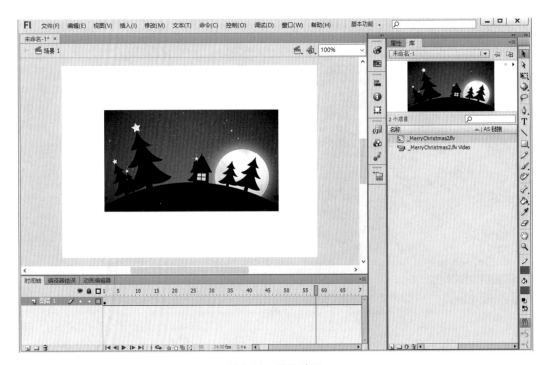

图7-24　最终效果

3. 视频编辑

（1）新建一个Flash文档，选择【文件】→【导入】→【导入视频】命令，弹出"导入视频"对话框，如图7-25所示。

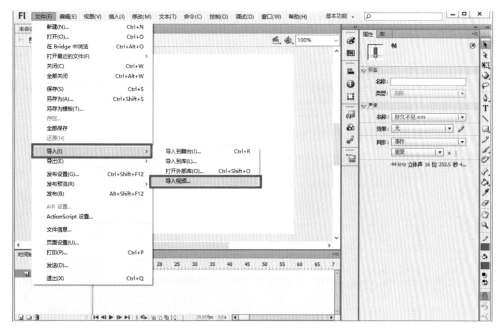

图7-25　导入视频

（2）在该对话框中单击【浏览】按钮即弹出对话框。选择【本地电脑中视频文件】，单击【打开】按钮，如图7-26所示。

图7-26　选择视频文件

（3）选择【在 SWF 中嵌入 FLV 并在时间轴中播放】，单击【下一个】按钮，如图 7-27 所示。

图 7-27　在 SWF 中嵌入 FLV 并在时间轴中播放

（4）单击【下一个】按钮，弹出"嵌入"对话框，选择【影片剪辑】选项，这样导入的视频可以转换为影片剪辑形式进行下一步编辑，如图 7-28 所示。

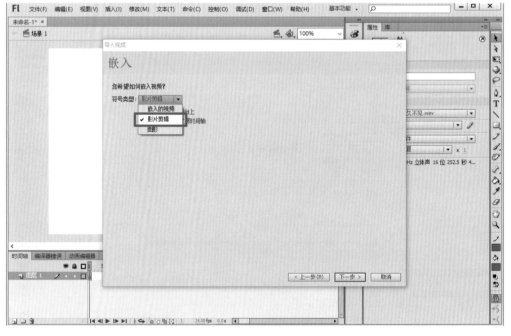

图 7-28　选择影片剪辑

（5）单击【下一个】按钮，弹出"完成视频导入"对话框，如图7-29所示。

图7-29　点击完成

（6）在Flash库中有一段导入视频和影片剪辑，如图7-30所示。

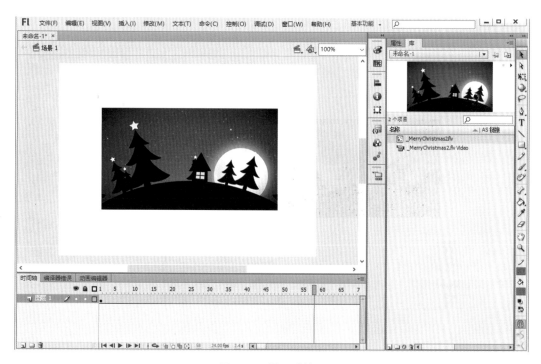

图7-30　导入后效果

（7）Flash 中时间轴上影片剪辑里的视频帧可以任意编辑，如图删减后面不需要的视频，留下需要的部分。全选不需要的帧，点击右键删除，如图 7-31 所示。

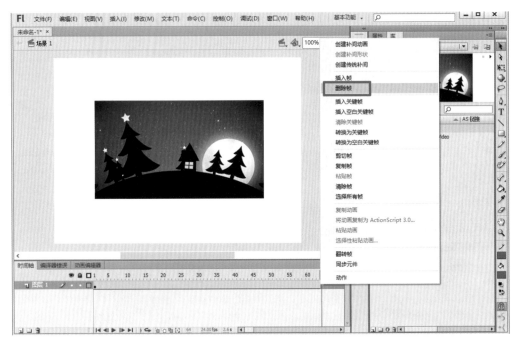

图 7-31　删除帧

（8）最终效果，如图 7-32 所示。

图 7-32　最终效果

第八章 影片的输出与发布

将 Flash 影片输出，使其生成可以插入网页或直接观看的文件格式的过程被称为发布。下面就来了解一下 Flash 影片输出和发布的方法和过程。

第一节 输出影片设置

1. 导出图像

选择菜单栏中的【文件】→【导出】→【导出图像】命令，如图 8-1、图 8-2 所示。

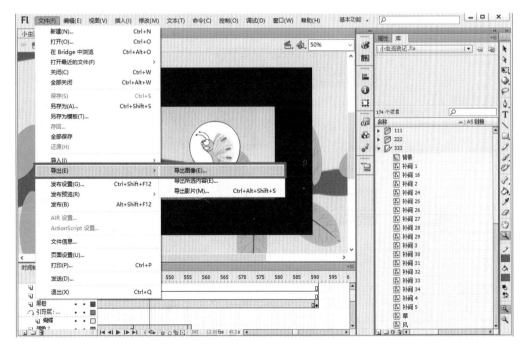

图 8-1　导出图像

图 8-2　选择导出图像格式

2．导出声音

选择菜单栏中的【文件】→【导出】→【导出影片】命令，如图 8-3、图 8-4 所示。

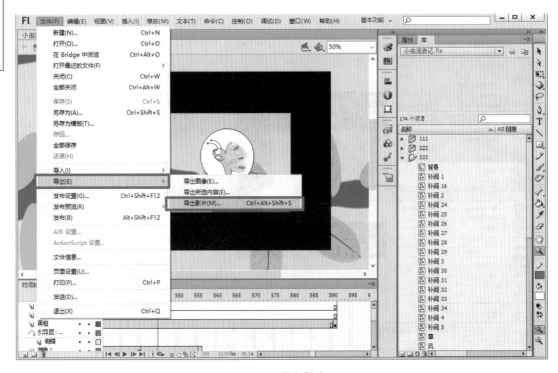

图 8-3　导出影片

图 8-4　选择导出音频格式

3. 导出影片

选择菜单栏中的【文件】→【导出】→【导出影片】命令，如图 8-5 所示。

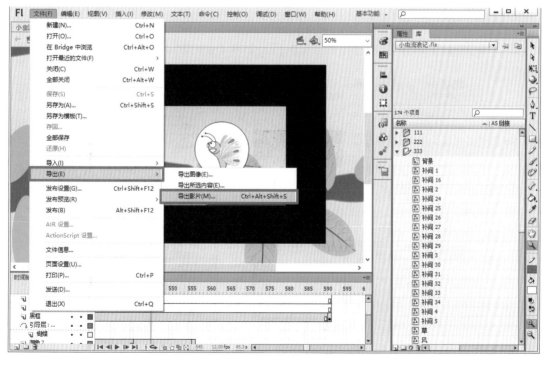

图 8-5　导出影片

图 8-6　选择导出影片格式

第二节　发布影片设置

Flash 作品发布常见【发布】和【发布预览】两种命令。

选择菜单栏中的【文件】→【发布】命令或者【文件】→【发布预览】命令，如图 8-7、图 8-8 所示。

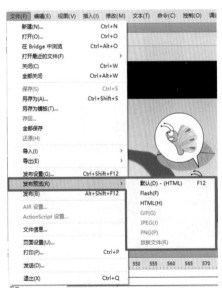

图 8-7　发布预览　　　　　　　　　　图 8-8　发布

1．设置发布格式

（1）在【格式】选项卡下可以设置 Flash 发布的格式，可以多选，选择的文件格式设置会依次出现发布设置面板下，默认的发布面板只包括【Flash】和【HTML】2 个复选框，如图 8-9 所示。

图 8-9　发布设置面板

认识了发布设置面板后，根据需要进行设置，设置完毕后单击【确定】按扭。

（2）回到工作区，选择【文件】→【发布】命令或者使用键盘 Shift +F12 键,.SWF 格式的动画文件会自动出现在动画原文件下。

发布影片时，还可以通过选择【文件】→【导出】→【导出影片】导出多种格式的动画，如图 8-10 所示。

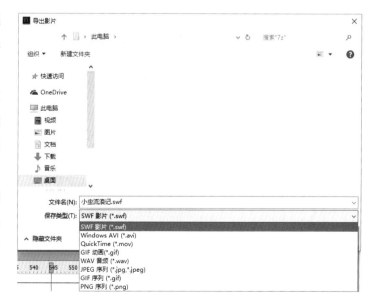

图 8-10　选择导出影片格式

2. 设置预览

选择菜单栏中的【控制】→【测试影片】或者键盘 Ctrl + Enter 键，如图 8-11 所示。

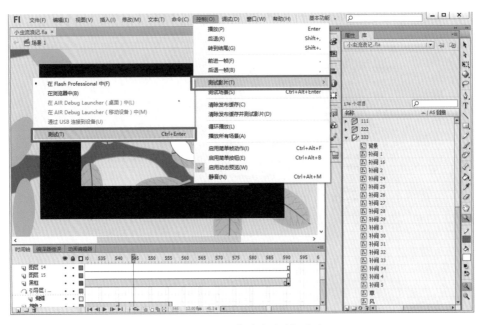

图 8-11　打开【测试影片】命令

3. 发布 Flash 作品

（1）导出影片

① 选择菜单栏中的【文件】→【导出】→【导出影片】命令或者使用键盘 Ctrl + Alt + Shift + S 键，如图 8-12 所示。

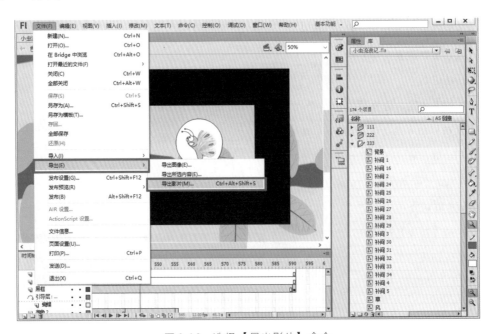

图 8-12　选择【导出影片】命令

② 在"导出影片"对话框中选择【目标】之后设置文件名，最后单击【保存】按扭，如图 8-13 所示。

图 8-13　保存影片

（2）网络上的 Flash 动画大部分都是.SWF 格式，选择【文件】→【发布设置】命令，进至 Flash 选项卡后，可以看到在它下面有一些设置，发布 Flash 的设置全在这里。

① 版本：可以从下拉列表中选择影片输出的版本，如图 8-14 示。

② ActionScript 脚本：选择动作脚本 1.0、2.0 或 3.0 版，如图 8-15 所示。

图 8-14　选择影片输出版本

图 8-15　选择动作脚本

③ 压缩影片：可以压缩 swf 文件，缩短下载动画时间。

密码：在选择防止导入和允许调试选项后，可以在密码区设置保护密码。

JPG 品质：可以设置输出后的动画图象品质，品质越低，生成的文件越小。

音频流/音频事件：可以对动画中的声音进行压缩，如图 8-16 所示。

本地播放安全性：包括只访问本地文件和只访问网络，选择只访问本地文件后 SWF 动画文件可以与本地的文件和资源交互，但不能与网络上的文件和资源交互。选择只访问网络，只能与网络上的文件和资源进行交互，如图 8-17 所示。

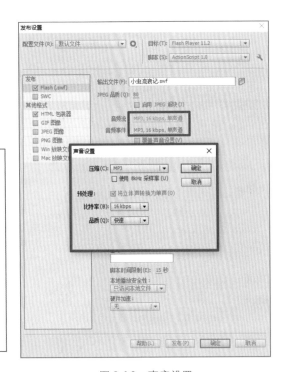

图 8-16　声音设置

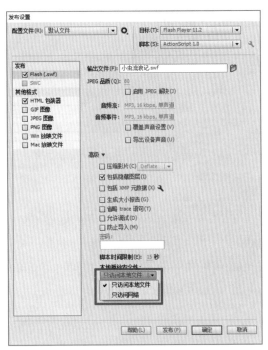

图 8-17　本地播放安全性

选择【文件】→【发布】命令或者使用键盘 Shift +F12 键，.swf 格式的动画文件会自动出现在动画原文件下。

发布影片时，还可以通过选择【文件】→【导出】→【导出影片】导出多种格式的动画，如图 8-18 所示。

图 8-18　导出影片

参考文献

[1] 周德云：《Flash 动画制作与应用》，人民邮电出版社，2009 年。

[2] 邓文达：《Flash 动画制作与实训》，人民邮电出版社，2011 年。

[3] 周雅铭，汤喜辉，丁易名：《Flash 基础教程》，中国传媒大学出版社，2009 年。

[4] 雷波：《中文版 Flash CS4 多媒体教学经典教程》，北京交通大学出版社，2010 年。

[5] 张素卿，王洁瑜：《Flash 动画制作实例教程》，清华大学出版社，2008 年。

[6] 文杰书院：《Flash CS5 动画制作基础教程》，清华大学出版社，2012 年。

[7] 九天科技：《Flash CS6 动画制作从新手到高手》，中国铁道出版社，2013 年。

[8] 段群：《Flash CS4 动画制作实用教程》，西北工业大学出版社，2011 年。

[9] 吴波：《中文版 Flash CS5 动画制作实用教程》，清华大学出版社，2012 年。

[10] 黄兴芳：《动画原理》，上海人民美术出版社，2004 年。